U0150001

收纳&装饰

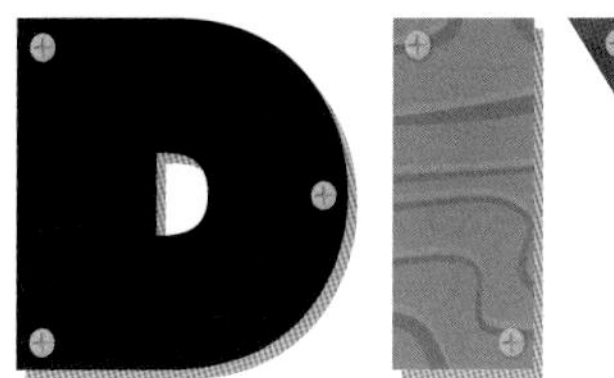

看这本就够了

[日] 坂井清美　著
侯　月　译

中国轻工业出版社

图书在版编目（CIP）数据

收纳&装饰DIY，看这本就够了/（日）坂井清美著；侯月译. — 北京：中国轻工业出版社，2020.12
ISBN 978-7-5184-3038-3

Ⅰ. ①收… Ⅱ. ①坂… ②侯… Ⅲ. ①住宅 - 室内布置 ②住宅 - 室内装饰 Ⅳ. ①TU241.02

中国版本图书馆CIP数据核字(2020)第100940号

责任编辑：陈　萍　　责任终审：李建华　　整体设计：锋尚设计
策划编辑：陈　萍　　责任校对：晋　洁　　责任监印：张　可

出版发行：中国轻工业出版社（北京东长安街6号，邮编：100740）
印　　刷：北京富诚彩色印刷有限公司
经　　销：各地新华书店
版　　次：2020年12月第1版第1次印刷
开　　本：710 × 1000　1/16　印张：6.25
字　　数：220千字
书　　号：ISBN 978-7-5184-3038-3　定价：45.00元
邮购电话：010-65241695
发行电话：010-85119835　传真：85113293
网　　址：http://www.chlip.com.cn
Email：club@chlip.com.cn
如发现图书残缺请与我社邮购联系调换
191407S5X101ZYW

目录

欢迎来到 DIY 世界

**大家有没有想过“亲手打造”一个“自己喜欢”的房间呢？
材料和工具精美丰富，现在正是开始DIY的好机会。
让我们一起打造一个理想的房间吧！**

软装设计师——坂井清美所认为的“DIY”①

Question

DIY的魅力是什么？

DIY是极致的定制服务

DIY的好处在于可以根据自己家里的尺寸进行制作、可以制作成理想的颜色和形状、材料费用比购买成品更便宜等。DIY可以照顾到每一个细节，可以说它是一种极致的定制服务。其实最重要的是可以“享受动手制作这一过程”。

DIY作品可以拆开分解，且其各个零件可以进行替换，而成品却无法做到这一点。比如，当由于家庭人员变动或搬家而需要改变某个物品的尺寸时，DIY作品就可以自由更换以及改造。

Question

为什么现在正是开始DIY的好机会？

工具和材料随处可见

由于艺人和Ins博主的分享与带动，人们对DIY的印象已经从“需要专业的工具和知识”转变成了“普通人也可以参与”。因大家对DIY的关注度提高，现如今在五金百货店和小商品店里就可以买到成套的适合新手的工具、零件以及DIY小商品，再加上电视、网络以及杂志中经常会出现许多非常棒的想法和创意，因此，现在正是开始DIY的好时机。

★ DIY板墙和木制桌子。在房间一角打造出自然风的空间。➡详情请看第20~25页。

★ 使用专用固定件（DIA WALL）能在不破坏地面、墙壁以及天花板的情况下设置柱子，打造墙面，非常适合租房！➡详情请看第26~29页。

DIY私人定制
尺寸的架子

★ 使用专用固定件能在不破坏任何地方的情况下设置新柱子，利用它来打造一个高和宽符合自己家里尺寸的厨房架吧。➡详情请看第30~32页。

第一次DIY的窍门

即使是新手也不会失败的DIY窍门是什么？

Point 1

基本操作步骤

涂漆→试装→正式

成功的秘诀在于：从小的、简单的物件开始挑战；木材要在购买时让店家切割好；使用电钻等可以方便快捷地安装螺丝的DIY工具。另外，基本操作步骤如下：给木材涂漆（先用边角料练习再正式涂漆）→先试装（摆放）各个零件确认尺寸和顺序→正式组装。DIY的好处在于就算涂漆失败了或组装失败了也可以重新再来。

Point 2

测量尺寸

量尺是DIY的必需品！

DIY中最重要的就是测量尺寸！如果不小心量错了，那么购买木材、组装等各个环节都有可能出现问题。测量时，要把量尺拉直，并将其靠在墙壁等需要测量的位置（若量尺弯曲或没拉紧可能会出现误差）。我推荐大家购买不易弯曲的金属量尺，其甚至能测量到天花板的高度。在家里测量尺寸时，也要注意窗框和踢脚线（地面与墙壁边界处）的凸出量以及插座位置等。

Point 3

选风格（上色）

从百搭的白色、棕色系开始

首先从白色、棕色系等与其他装饰百搭的颜色开始挑战！涂漆时，白色和棕色系不易看出刷痕（当然也可以故意留出刷痕），可以使用水性涂料。

另外，也可以使用同种涂料自己进行混色，不过当涂料用完时，自己很难再调出颜色完全一样的涂料，所以如果要混色就要一次性多调一些。

Point 4

选择素材

选择柔软且节点少的木材

若是第一次DIY，我推荐大家选择比较便宜且“柔软”的木材，比如云杉、松木、冷杉等节点较少的木材。另外，榉木等硬质木材不易钉木螺丝，对于新手来说操作难度较大，所以应尽量避免选择此类材料。此外，即使素材相同但质量可能参差不齐，应仔细挑选，避免购买翘边及弯曲的材料。

※在本书所提及的材料及制作方法中，若尺寸无详细记载，则请根据住宅空间等选择或制作成合适的尺寸。

花宫令的“也能当边几的收纳箱”。➡详情请看第13页

从DIY达人花宫令的初级DIY“打造工业风房间”中选择6种物品进行设计。➡详情请看第12页

花宫令的“打造北欧风房间”。➡详情请看第14和15页

花宫令的“北欧风梯式架”。➡详情请看第16页

花宫令的“可放置小物件的十字收纳架”。➡详情请看第16页

kakihome的“使用专用固定件的洗涤用品收纳架”。➡详情请看第39页

kakihome的“彩色瓷砖托盘等”。➡详情请看第36页

店铺的活用方法

接下来为大家介绍可以购买DIY用品以及材料的店铺特征

Point 1

五金百货店

种类齐全、安全可靠

五金百货店里素材和道具品种齐全，非常适合购买DIY用品。有的五金百货店还提供DIY咨询。新手最关心的应该是怎样把木材搬回家吧？五金百货店主要有以下三种选择：①可租赁用于运货的轻型货车；②（免费/收费）配送；③客户自行搬运。大家在购买时一定要注意能否将物品搬回家！

Point 2

网店

可以送到家门口

网店最大的优点在于可以把商品送到家里。自己选好素材和尺寸后，店家会帮忙切割。如果你知道自己想要什么素材、尺寸、颜色等，可以提前计算好所需木材的数量以及量好尺寸，并找店家帮忙切好。但有时实物可能会跟图片不符，所以可以在附近的店里选好之后，在网店下单购买。

Point 3

小商品店

最大的优点就是价格低廉！

现如今的小商品店里有各种迷你木材、工作板、装饰贴纸、瓷砖、涂料、螺丝、五金件等。小商品店里卖的基本都是小东西，所以不适合正式的DIY，但是品种多、价格低廉是优点。

可以在小商品店里买木箱子、自然素材的篮子等与DIY家具相匹配的商品。将小商品店的商品进行搭配、组合制作成新的收纳小物件也是很有趣的。

Point 4

装饰品专卖店、杂货铺

有许多想要模仿的物品！

装饰品专卖店以及杂货铺里全都是精心挑选的装饰品和时尚家具等，是可以模仿和学习的创意宝库。因为能实实在在地摸到展出的商品，所以可以亲眼确认颜色、素材以及尺寸。

可以将自己喜欢的物品与DIY作品组合，将旧物翻新打造出一个全新的“原创”物品。

coconono769的“门涂漆鞋柜”。➡详情请看第57页

coconono769的“顶板涂漆的暖桌”。
➡详情请看第58页

coconono769的“积木专用游戏桌”。
➡详情请看第58页

MAACO的“用相框制作架子”。
➡详情请看第63页

MAACO的“硬朗风储物箱”。
➡详情请看第61页

味子的“双层厨房架”。
➡详情请看第64页

用小物品进行搭配
轻松完成两种风格的装饰

笨手笨脚的人、工业风 &

使用小物品，

PART 1

\ 深沉帅气！/

打造工业风房间

新手 A：我最近特别喜欢很帅气的房间，可是不知道从何下手……

花宫令：工业风装饰的关键点在于黑色和英文字母，所以我建议你在家里的一角加入黑色和英文字母元素。

新手 A：只要一角就可以，不用整个房间都改造是吗？这样就轻松多了。

花宫令：右侧大图片是房间的一角，下面的小图片是整体的样子。我只对墙面进行了改造，加入了黑色和英文字母元素。

在墙面布置黑色和英文字母元素物品，打造金属工业风。

新手都可以打造的

北欧风房间

基本不费工夫也不需要工具，随时可以开始。

初级DIY

【初级DIY】教学者

花宫令

URL https://ameblo.jp/momomilk0625

花宫令住在四室两厅的旧宅子里，并于大约4年前开始研究装饰搭配。她每天都在思考“我想打造出一个什么样的空间”“我想要什么样的生活”，并不断动手改造，以致现在家里全都是DIY家具和原创物品。她现在活跃于各种电视节目中，给装饰杂志投稿以及在网络上分享创意。

PART 1

打造工业风房间

8件物品搭配

新手A：我想用小物品装饰墙面。

花宫令：你是第一次DIY吗？用小物品的话，即使是第一次也可以轻松上手。

Item 1 挂壁式空气凤梨支架

材料
栅栏（Seria）
绳子 x1
英文字母牌

①用锯子锯掉栅栏凸出的部分（使用能切割塑料的锯子），用绳子绑住栅栏上部以挂在墙上。

②用强力双面胶或喷胶枪将英文字母牌固定于栅栏将空气凤梨挂在栅栏的缝隙里。

POINT 可以在栅栏的栏杆上挂S型挂钩，用来收纳小物件。

Item 2 特大金属网架

材料
金属网（Can Do）x6
链条（Seria）x2
扎带 x1

①先对3片金属网进行加工。利用桌角等在第3格或第4格处进行弯折。

②用扎带将弯折的3片金属网和未弯折的3片金属网扎紧，并如图片一样用链条进行固定（用钳子等拆掉链条两端的金属圈）。

③用木螺丝或挂钩等固定在墙上。

Item 3 洋槐的支架底座

材料
吹风机收纳圈（Seria）x1
洋槐底座（Can Do）x2

★用强力双面胶或喷胶枪在吹风机收纳圈的圆形金属部分粘贴洋槐底座即可。

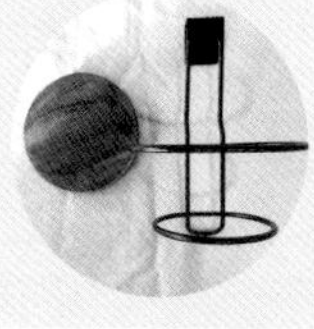

Item 4 英文字母花盆

材料
纸巾盒（Seria）x1

★将纸巾盒进行组装，剪下英文字母部分，保留一半高度，用胶带固定端部，防止变形。

POINT 剩下的部分也可以经剪裁做成装饰品。

Item 5 链条花环星星

材料
花环星星黑色（Seria）x1
花环星星白色（Seria）x1
塑料链条（Seria）x1

①用剪刀将黑色星星的绳子剪短，白色星星的绳子剪得比黑色长。

②依次将其绑在链条上。

6 英文字母六边形挂壁

材料
带钩网块（Seria）x1
绳子 x1

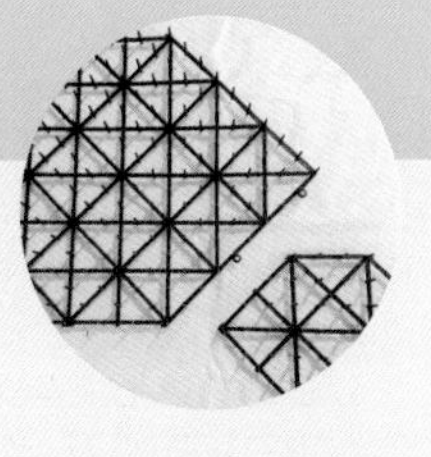

①用剪刀将带钩网块剪成六边形（带钩网块也可以是小号的）。
②绳子剪成长短两段，利用带钩网块的钩子描绘出英语字母。将短绳绑在上方以便挂在墙上。

Item

7 也能当边几的收纳箱

材料
普通盒子（Can Do）x2
普通盒子的盖子（Can Do）x2
滑轮座（Seria）x1
扎带
转印纸（Seria）x1

①用锥子等给下层普通盒子钻4个孔，并用扎带将其固定于滑轮座上。在普通盒子的侧面贴英文字母的转印纸。
②将另一个普通盒子置于其上。

POINT 因为有盖子，所以也能当迷你边几使用。

8 圆柱形灯

材料
灯（不含电池）x1
英文字母贴纸

①按照灯的尺寸剪裁英文字母贴纸，并用透明胶带粘贴，做成灯罩。
②用灯罩将灯罩住。

初级
DIY
SEA ANIMAL

After

PART 2

舒适 & 跳色!

打造北欧风房间

新手 B

房间装饰中我比较重视舒服感，但感觉只追求舒适的话好像少了点东西。

花宫令

我推荐你可以尝试一下能跳色的北欧风格，用柔和的跳色能保持房间舒适的氛围，并且可以提亮整个房间。

新手 B

柔和是指在鲜艳的颜色里加一点灰色的感觉吗？我很喜欢！

花宫令

那么我给你介绍一个以柔和的蓝色为亮点的房间。比如，在房间里放置这个物品。

新手 B

既不突兀又很出挑，真是佳品！如果做起来很简单的话，我想挑战一下。

Before

CHANGE

加入柔和的跳色
可以保持舒适的氛围，
并提亮房间。

PART 2

打造北欧风房间

9件物品搭配

这个房间虽然东西多，但是看起来很清爽，关键点在于布局吗？

新手 B

是的。不要把东西都塞进柜子和架子里，可以适当创造一些空间并进行布局。

花宫令

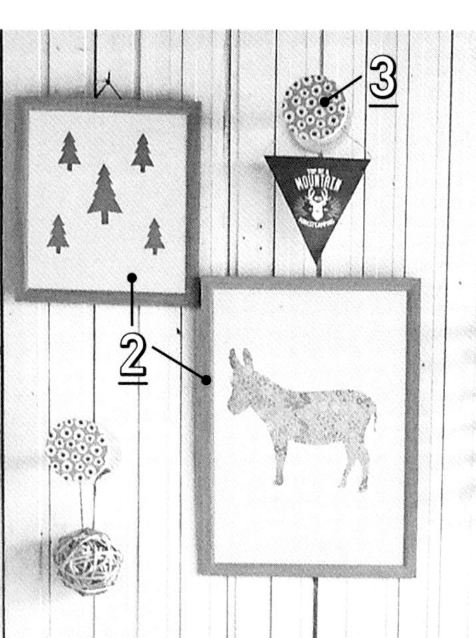

Item 1 北欧风梯式架

材料
栅栏（Seria）x5
烧杉板（Seria）x6
L型五金件x1

↑切割

①将5个栅栏的两端切掉，做成梯子型。
②将2个梯子竖着粘在一起，共做两组。用木工胶水或喷胶枪将横架固定于两个梯子之间。剩余1个梯子同样用烧杉板进行固定，排成一排。
③用木螺丝通过L型五金件将其固定于墙上。

Item 2 两种北欧风装饰框

材料
相框x1
相框x1
墙贴（Daiso）x1

★将相框里原来的纸翻转，将墙贴贴上去再装回相框即可！

Item 3 北欧风花纹圆形挂钩

材料
线轴（Seria）x4
折纸x1

①用螺丝刀将2个线轴的螺丝拆掉，取出中间的棍子，剩下两片圆木。
②将两片圆木分别放在剩余的2个线轴上，并用木工胶水粘接。
③按圆木的尺寸来剪裁折纸，并用胶水将其贴于圆木表面。
④用木螺丝或强力双面胶等将其固定挂于墙面。

Item 4 可放置小物件的十字收纳架

材料
烧杉板（Seria）x4
装饰盒（Seria）x4
麻绳x1

①用4个烧杉板制作正方形框架，并用木工胶水或喷胶枪粘接。
②同样用木工胶水或喷胶枪在框架内的四角安装装饰盒。
③用射钉枪（木工用订书机）等将其与麻绳一同固定挂于墙面。

Item 5 时尚书挡

材料 金属网格碗碟架（Seria）x2
扎带 x1

★用扎带（如右图所示）固定两个金属网格碗碟架。

POINT 也可以作为迷你边几使用。

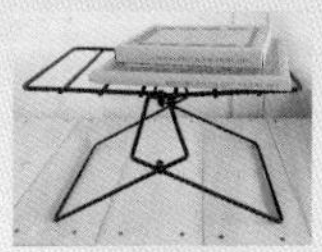

Item 6 三脚绿植托架

材料 三脚架（Daiso）x1
托盘（Daiso）x1

★将托盘置于三脚架上，并用木工胶水粘接即可。

Item 7 首饰盘

材料 厨房纸夹（Seria）x2

①用螺丝刀将一个厨房纸夹中间的棍子拆下来，保留圆盘部分。
②对另一个厨房纸夹的棍子进行切割，在从下往上约15cm的地方进行切割后，用木螺丝将圆盘部分固定在上面。

Item 8 花瓶十字保护罐

材料 毛毡贴纸（Seria）x1
罐（Daiso）x1

★将毛毡贴纸剪成十字，贴在罐上即可。也可以复印下图作为纸样。

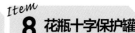

Item 9 北欧风推车收纳盒

材料 厨房纸夹（Seria）x4
木踏板（Watts）x1
篮子 x1

①用螺丝刀将两个厨房纸夹中间的棍子拆下来，保留圆盘部分。
②用木螺丝将两个圆盘部分固定于另外两个厨房纸夹上，制成轮胎。
③将木踏板放在轮子上并用木工胶水固定，最后将篮子置于其上。

DIY可自由布置的板墙➡第20页

双重用途桌➡第24页

租房、一个人、第一次

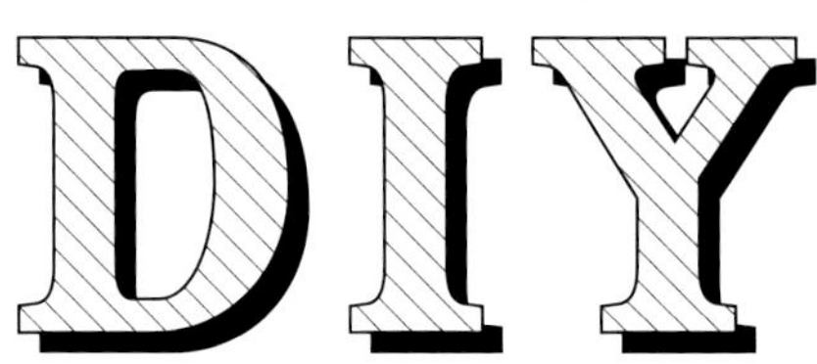

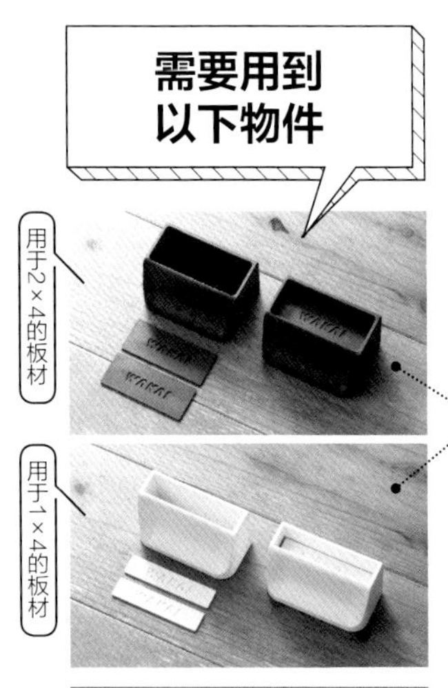

专用固定件

“专用固定件”用在木材的两端，中间安装有弹簧，以使木材抵在地上及天花板。可以在五金百货店购买。

POINT

1×4（19mm×89mm）和2×4（38mm×89mm）指木材的一般规格，用英尺表示木材的截面尺寸，除此之外还有2×6（38mm×140mm）、2×8(38mm×184mm)等。

创意、制作、造型——坂井清美（软装设计师）

坂井清美曾就职于软装杂志的编辑部、建筑公司，后独立为自由插画师及内饰设计师，现为内饰和收纳咨询师以及手工达人。著作《用零碎布料制作家居杂货》(辰巳出版)、《用轻木制作简易收纳杂货》(主妇和生活社)；主编《用宜家、似鸟、无印良品打造舒适家居收纳》《小商品店商品收纳创意》《房间整理收纳创意BOOK》(均为笠仓出版社)等。

Before

After

DIY新的柱子和墙壁→第26页

DIY厨房架→第30页

Before

After

也可以做到！

进行微改装

租的房子不方便改造？其实完全可以。只要使用“板墙”（将板材排列组装而成的墙）和“专用固定件”（不伤害墙壁及地板就能安装柱子的DIY工具），即使是租房、一个人、第一次，也能“通过墙面DIY进行微改装”。可以增加房间收纳，也可以用来改变房间的氛围。接下来，让我们一起DIY吧！

Chapter 1

DIY板墙

在客厅一角打造可自由布置的空间

通过DIY板墙可以在房间里打造出一个自然风的空间。可以用来工作或学习，也可以与矮桌搭配，用来放松。另外，可以在板墙上自由使用木螺丝或钉钉子，因此可以自由打造收纳空间或改变装饰小物。

Before

After

背面
背面
背面
背面
POINT
分成多次方便搬运及制作!
POINT
安装在角落处不易倾倒!

详细制作方法请看第85页

板墙共计4块。背面安装短板，防止倾倒。此外，将板墙安装在角落处，可提高整体的稳定性。

Let's try!

涂两遍白漆&老化加工打造自然风

给木材涂两遍白漆，并用砂纸打磨，打造自然风。板墙的木材最多用6片。如果是一个人DIY的话，一次不要组装太多木板，可以分成多次进行。

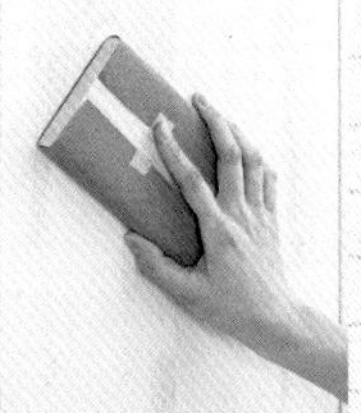

用砂纸对木材进行打磨，打造出粗糙感（老化加工）。可以将砂纸缠绕在木片等物体上再进行打磨。

リリーホワイト
カンペハピオ

所使用的白漆。因为不是在需要用水的部位进行制作，所以我用的是易涂的水性涂料。注意不要一次蘸太多涂料。

暖色吊灯
木质盒收纳架
自然风手工板墙
铁杆和木质墙壁挂钩挂式收纳&装饰
铁艺挂篮收纳
双重用途的桌子
桌腿也可用作展示架

· 板墙改造 ·

无须担心螺丝孔的 墙面布置

~收纳&装饰~

在墙上直接打螺丝能增加收纳和装饰空间。让我们一起打造出一个可爱、方便的理想空间吧！

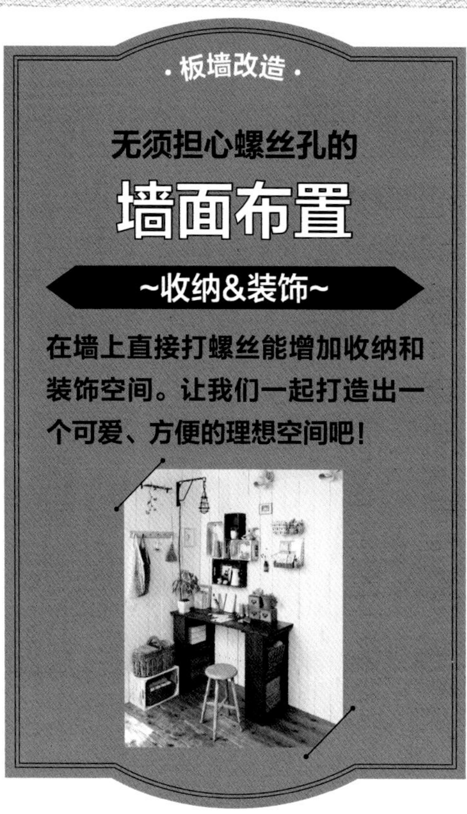

POINT

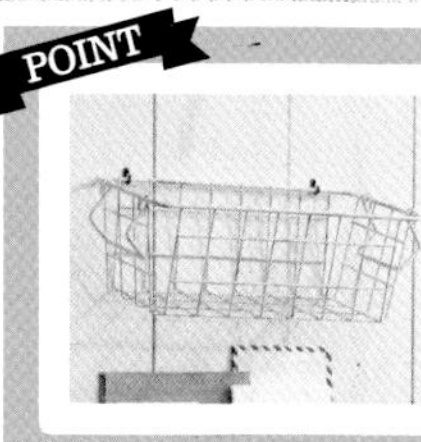

用挂钩挂住篮子边缘即可。根据所使用的篮子选择挂钩大小，用木螺丝将其钉在墙上。

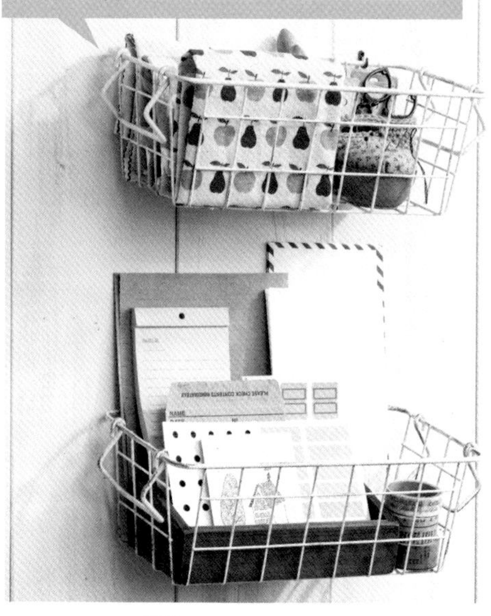

arrange 1 铁艺挂篮收纳

用木螺丝将挂钩固定在墙上，并将篮子挂在挂钩上。因为挂篮可以整个拿下来，所以拿放东西很方便。而且挂起来也不占用桌面空间，能保证作业空间。

arrange 2 木质盒收纳架

用木螺丝将市面上售卖的木质盒直接安装在墙上，做成收纳或展示架。可以摆放自己喜欢的物品，也可以在盒子的布局上下点功夫。比如可以排成一排或一列，也可以上下左右错开排布。

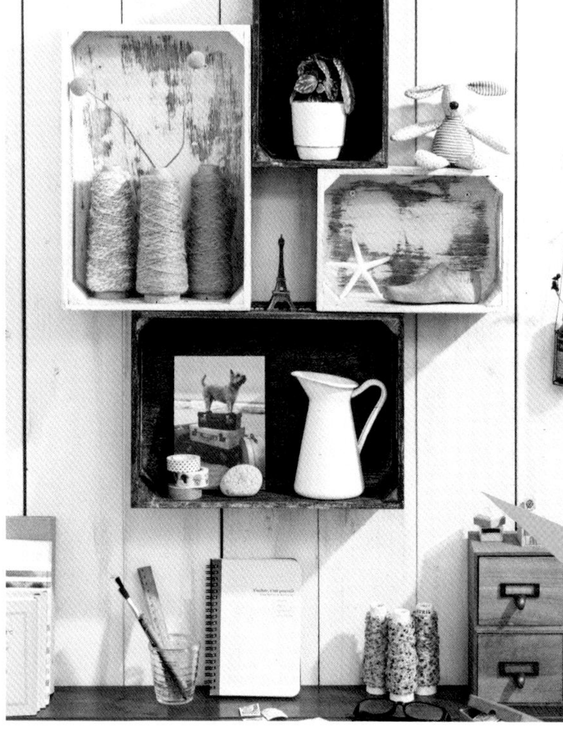

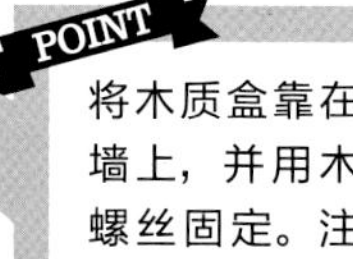

POINT

将木质盒靠在墙上，并用木螺丝固定。注意木螺丝不要穿过板墙。

与板墙完美融合的木质墙壁挂钩

在板墙上安装木质墙壁挂钩，能悬挂收纳随身小物等。挂式收纳的优点在于一眼就能看到所有物品，方便拿取和收拾。

暖色吊灯

近年来煤油灯型吊灯作为间接照明受到大家的追捧，我把它用专门的墙壁托架安装在了墙上。吊灯设计感较强，种类丰富，大家可以选择自己喜欢的一款。

环保铁艺挂杆

我在铁艺挂杆上挂了一枝干花，打造出了一个有设计感的收纳空间。三条连着的铁杆上可以放置篮子或有设计感的纸袋，用来收纳。

靠在板墙上的收纳木箱

我把市面上售卖的木质箱子放在了地上，并靠在板墙上。木箱上放置自然素材的篮子，打造出自然风。适合收纳篮子、套子和罩子类物品。

· 板墙搭配 ·

既能当作业桌也能当矮桌的

桌子DIY

~收纳&装饰~

除了板墙之外，我还想DIY箱型桌腿层叠起来的双重用途桌子。拆掉一层桌腿就能变成矮桌。

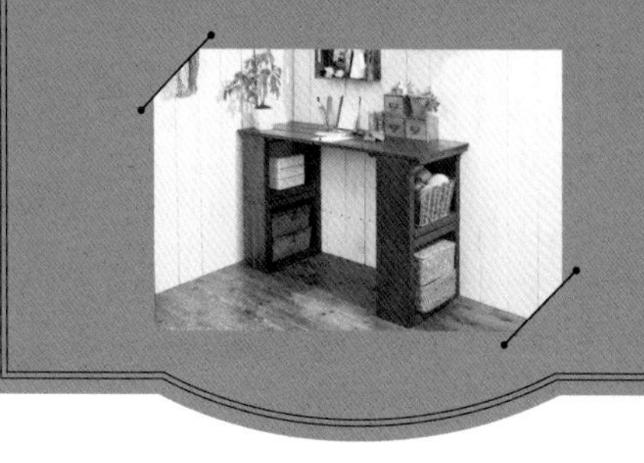

arrange 1

双层箱型桌腿靠墙变成工作桌

上图为使用四个箱型桌腿和一块桌板的基本形状，适合坐在椅子上进行工作。箱型桌腿部分也与篮子或箱子组合用作收纳架等，用途较多。

详细制作方法请看第84页

Let's try!

自己动手制作一次之后会发现像拼图一样有趣！

丢掉桌腿只能是棒状的这种固有思维，而是采用箱型的桌腿进行组装。将桌腿和桌板做好之后，可以根据用途进行改装或不使用时用作展示或收纳架。

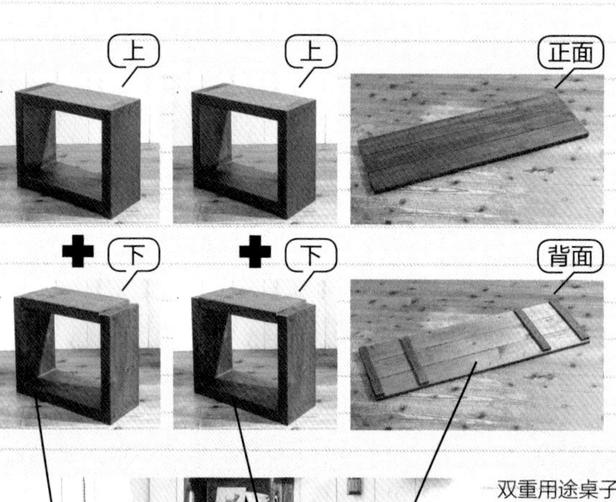

双重用途桌子一共有五个部分，分别是四个箱型桌腿和一块桌板。桌板背面固定木板以紧固桌板与桌腿。

POINT

当把两层桌腿叠放时，为防止晃动而采用上下桌腿凹凸组合配置。

使用混合了天然素材的木材专用蜡作为木材涂料。优点是易着色，有光泽感，且易涂易干。

单层箱型桌腿靠墙变成休闲桌

单层箱型桌腿的桌子靠墙摆放，适合在休息时使用，随时可以在旁边躺下休息。也可以加上垫子和抱枕，将电视或电脑放在桌子上。

单层箱型桌腿竖放变成咖啡桌

单层箱型桌腿的桌子配上垫子可以面对面坐着，适合两个人享受下午茶时使用。将遥控器和纸巾等收纳在箱型桌腿里，桌面会整洁很多。

箱型桌腿改造展示架

不使用桌子时，可以将箱型桌腿叠放靠在墙边。可用作布艺、小物品或书本的收纳架，也可用作绿植、杂物等的展示架。

CHECK!

DIY新手的疑惑

木材的购买和搬运方法

在木材市场购买

新手适合在附近的木材市场看着实物购买木材，并且店家会帮忙切割。但有的木材市场没有配送服务，就要自己租轻型货车等进行搬送。不会开车就要提前向店家确认好配送服务之后再购买。

在网店购买

网店适合不会开车的人以及想在家里收货的人。虽然购买之前无法看到实物，但店家可以帮忙切割，并会配送到家。

Chapter 2

DIY柱子和墙壁

提升家里印象与功能的墙架

使用不会伤害地板和墙面就能安装柱子的DIY工具“专用固定件”进行微改装。在只有柱子和扶手的空间内用专用固定件安装三根柱子，并架设涂成白色和灰色的横板，从而做出了墙壁。下方打造成可以置物的收纳架。这块墙架可以挂、吊、放，可以说是个万能的收纳之地。

※请避免在没有墙壁、扶手或柱子的空间安装专用固定件，可能会倾倒，十分危险。
※专用固定件只使用于垂直（上下）方向。

Before

After

将三根木板切割，比天花板的高度短45mm，并涂抹暗棕色的蜡（可以产生纹理的着色剂），之后安装专用固定件。

安装涂成白色和灰色的木材，木材之间的缝隙与小板宽度相同。在右下方安装搁板，背后用贴有壁纸的中空塑料板进行遮挡。

详细制作方法请看第87页

Let's try!

白x灰横条打造层次感

给白色和灰色的横板分别涂两次油漆（第一次干了之后再涂一次），之后涂暗棕色涂料来进行老化加工。

1 用金属量尺测量天花板高度（之后切割木板并涂漆）。

2 先安装专用固定件的上块，之后再安装下块。

3 将上下块分别安装在木板上之后，根据木板上侧的位置推入木板下侧。

专用固定件（用于2x4的木材）。套组里分别有：内置弹簧的上块（图片右）和下块，用于调整高度的两块垫片。

在最上层进行挂式收纳
用专用固定件和板材制作的墙架
在横板的缝隙间塞入小木板，制成装饰架
搁板背面设置铁杆，进行吊式收纳
将木质椅子涂成铁艺风，与内饰搭配
确保右下方为收纳架，左下方能放置较高的物品
LITAL
41 to MOSTRAND AVENUE
31 to BRIGHTON STATION
17 to CHURCH AVENUE
5 to GLENWOOD ROAD
7 to WESTBWAY
96th STREET
BUS STOP NOTICE
THE SIMPLE T
EAST SIDE
OLD BOOK
STORE
EXTRAORDINARY T
SEASHORE STYLE
PURE STYLE
No.127

·墙架改造·

可以挂、吊、放的

墙面布置

~收纳&装饰~

横板可以说是墙架的主角。每块横板之间故意留出的缝隙可以在收纳&装饰时大显身手。

S 型挂钩收纳

在横板的缝隙间挂上S型挂钩，可以进行悬挂收纳。挂一个自己喜欢的小包，也能起到装饰作用。

增加收纳的铁杆

可以在中间搁板的左下半边的空间放置较大的物品。在搁板背面安装铁杆和S型挂钩。

用 L 型固定件制作置物收纳架

在用专用固定件安装的柱子上设置L型固定件。可以放置小物品，也可以用来装饰和展示。右下角的搁板高度可以根据要放置的物品、数量进行调整。

在最下层搁板（第三层）上安装铁杆，用来放杂志。可以把自己喜欢的杂志收纳在此处及展示。

在缝隙间夹住小板的展示法

在横板的缝隙间夹住一块小木板，就成了装饰板。可以放置自己喜欢的画或者小物件，也可以按季节换不同的装饰。

最上层用带挂钩铁艺挂篮进行收纳

墙架的横板也能进行挂式收纳。我把一个带挂钩的铁艺挂篮挂在了最上层的横板上，因为很高，所以适合收纳不常取放的物品。

只要使横板缝隙与小木板厚度一样，就可以把小木板夹在任意位置。

Let's try!

成品椅子也可以改造成装饰品

第27页图片中的椅子为给木质椅子涂抹白色油漆和铁艺涂料改装而成。将物品涂成自己喜欢的颜色其实很简单哦！

POINT

椅子的座面用白色油漆（水性）涂两次（第一次完全干透后再涂一次），晾干并磨出粗糙感之后涂抹涂料。

原来是木色自然风，后来改造成了铁艺风。

第21页图片中的绿色椅子其实是同一型号的椅子，是涂抹了白色油漆之后，再涂一层绿色油漆，并用砂纸打磨进行老化加工，最终呈现出恰如其分的复古感。

POINT

用刷子或海绵将铁艺涂料（下侧图片，打造出铁艺感的着色剂）轻拍在椅子腿上，故意刷得凹凸不平，可以增加铁艺感。

Chapter 3

DIY柱子和架子

在厨房打造私人定制尺寸的架子

在厨房也可以用到专用固定件。在水槽上方的窗户旁边安装两根柱子就能打造出与自己家厨房完美契合的架子。可以根据要放置的物品来调整搁板的高度和数量。※本书中记载的尺寸仅为一例。自己制作时请测量实际尺寸，并参照第86页的制作方法进行制作。

Before

After

CHECK!

裸露式收纳的好伙伴 瓶子的活用方法

我推荐大家在厨房架上多摆放瓶子。只需把物品都换装到瓶子里，就能使整个厨房干净又整洁。

带盖的大瓶

带盖的大瓶适合收纳食品。只要把食品从包装袋换到瓶子里就能保持干净卫生，并且一看就知道内容物，非常方便。

带把手和盖的瓶子

瓶盖上有一个向外凸出的把手，像卖糖果的店铺里放置的瓶子一样，外形非常可爱。

带盖小瓶

瓶盖为金属制品，排成一排非常可爱，适合收纳一次使用量很小的调料类物品。

用专用固定件将架子制成自己喜欢的形状。

纸夹也能变成工具杆

纸夹的上端夹住木板从而固定。可以把毛巾挂在这里或者挂上S型挂钩后悬挂厨房用具。

也能收纳杯子的嵌入式架

嵌入式架的上端挂在木板上从而固定。可用于收纳使用频率高的杯子等物品。洗完之后马上可以放在上面。

· 与架子搭配 ·

活用无效空间的

吊架

~提高收纳量的方法~

在搁板上挂铁杆和挂钩就能作为餐具架及厨房工具架使用。

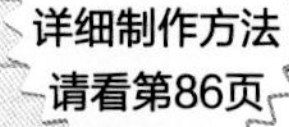
详细制作方法
请看第86页

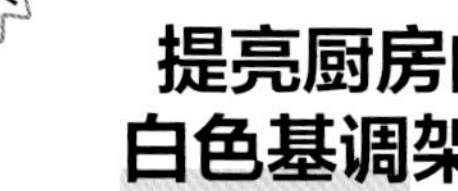

提亮厨房的白色基调架子

在厨房使用截面尺寸较细的1x4木板专用固定件。给柱子和架板涂两次白色涂料，这样就能减少架子的存在感和压迫感，提高收纳能力。

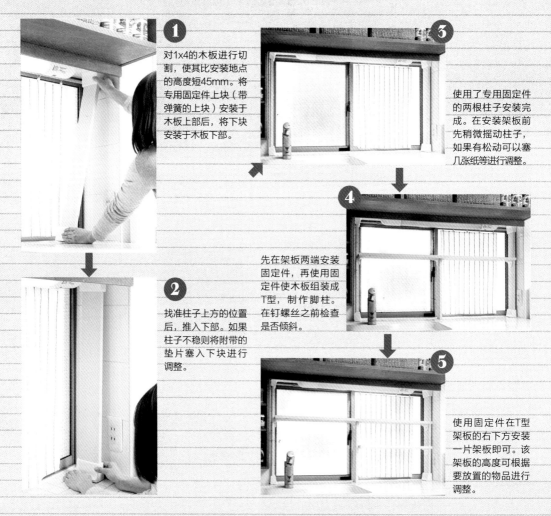

1x4木材（截面尺寸约19mmx89mm）专用固定件。只能在设置地点高度低于1100mm时使用。

用于给木材着色的水性白色涂料。易涂易干，非常适合新手。

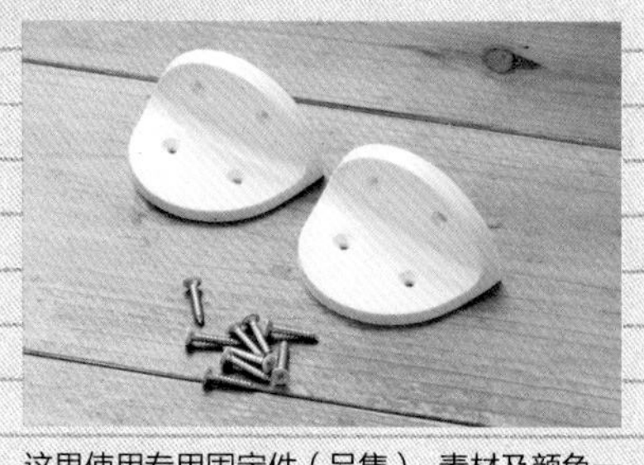

这里使用专用固定件（另售）。素材及颜色一致，非常搭配。

1 对1x4的木板进行切割，使其比安装地点的高度短45mm。将专用固定件上块（带弹簧的上块）安装于木板上部后，将下块安装于木板下部。

2 找准柱子上方的位置后，推入下部。如果柱子不稳则将附带的垫片塞入下块进行调整。

3 使用了专用固定件的两根柱子安装完成。在安装架板前先稍微摇动柱子，如果有松动可以塞几张纸等进行调整。

4 先在架板两端安装固定件，再使用固定件使木板组装成T型，制作脚柱。在钉螺丝之前检查是否倾斜。

5 使用固定件在T型架板的右下方安装一片架板即可。该架板的高度可根据要放置的物品进行调整。

[制作网框和木板收纳架]

材料

- 木踏板 x2
- 网格框 x2
- 软木板 x2
- 合页 x4（1袋）
- L型五金铁片 x5（2袋）
- 磁铁
- 图钉 x2（1袋）
- 复古风木螺丝

HOW TO MAKE 制作方法

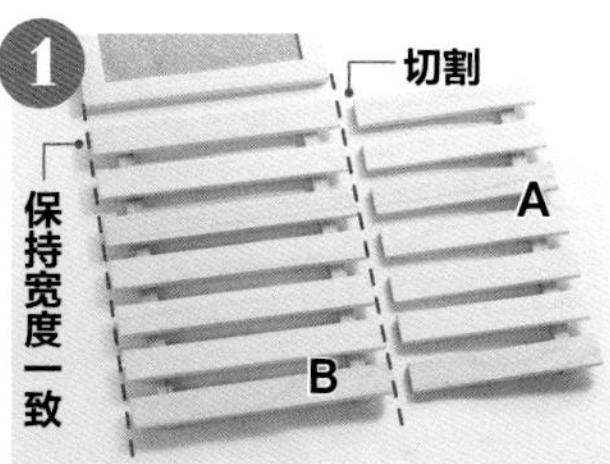

按照软木板短边的长度对木踏板进行切割（两片全部切割）。

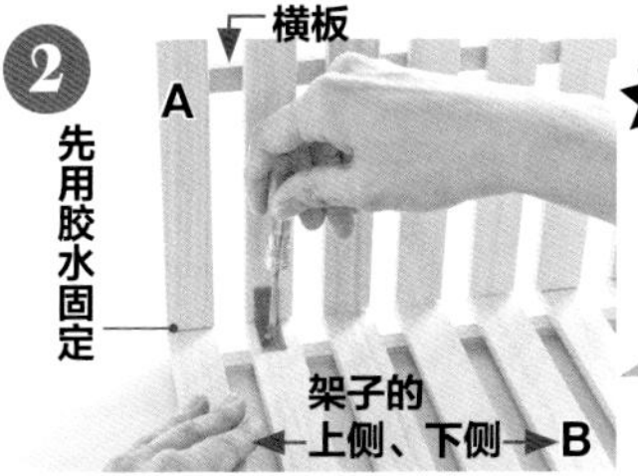

将切割后的木踏板的横板朝向外侧组合成L型。用胶水暂时固定后，用L型五金铁片固定。L型五金铁片安装在第2和第7块木踏板的板子上。

可以在安装L型五金铁片前先用锥子打孔，这样就不会失败啦。

将组成L型的木踏板立起，把软木板塞入最上方的空隙中，并用胶水固定（相反侧也同样固定）。然后把另一片软木板塞入最下面的空隙中。

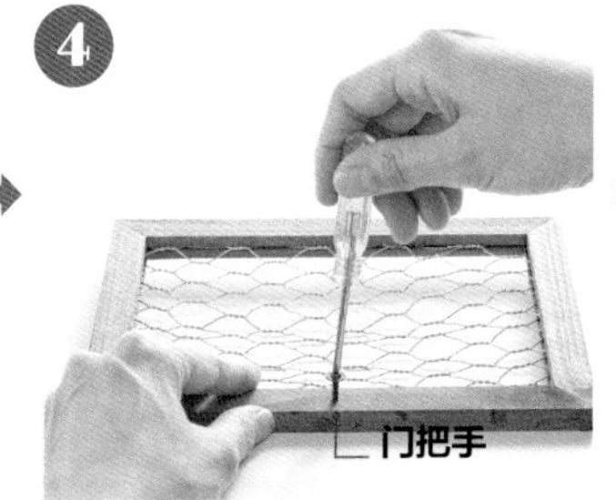

用网格框当作门，在网格框长边的正中央处安装复古风木螺丝当作门把手。

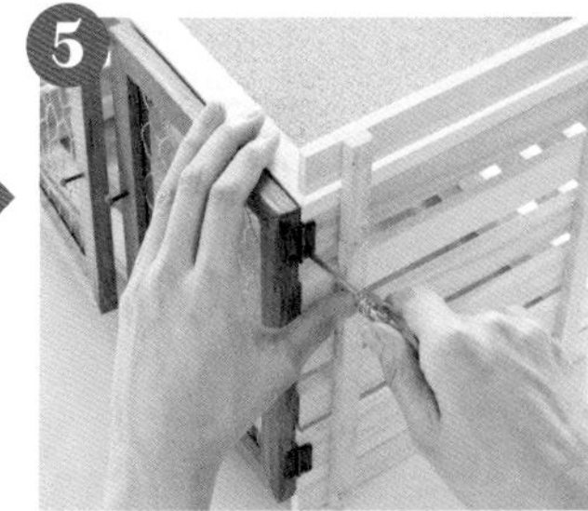

用合页将安装了把手的网格框安装于木踏板，合页需上下安装两处。

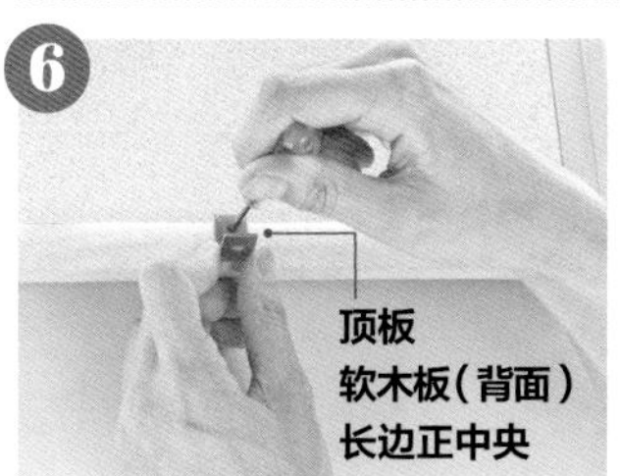

在顶板即软木板（背面）的长边正中央安装L型五金铁片。

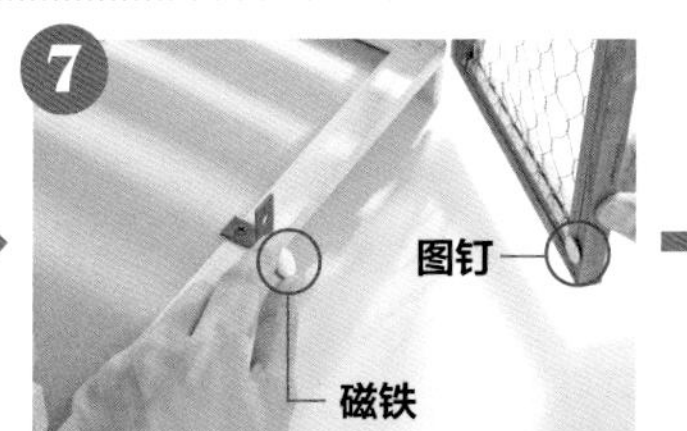

在安装于顶板即软木板的L型五金铁片上安装磁铁，在两扇门的内侧固定图钉（这样门就能关上啦！）。
※图片中的架子上下颠倒

收纳架完成！可以收纳厨房的小物件啦！

Ins 博主亲自传授 PART1

可以在1小时之内完成的非常有趣的中级DIY

第36~51页为大家介绍Ins博主改造的作品，只要按照教程就能制作出比较高级的家具装饰。以下将按“彩色瓷砖杂货系列”“挑战原创涂漆”等挑战主题介绍5位DIY名人的作品。大家可以找到自己喜欢或感兴趣的主题并尝试制作哦！

采访 Ins 博主

什么时候会有DIY的灵感？

有想要的东西（尤其是国内买不到的东西）的时候。
（kakihome）

看见孩子们（想让孩子们玩得更开心、更享受）的时候会有灵感。
（hanamama_125）

有想扔掉的东西的时候就想给它改造一下。
（mika）

有使用起来不方便的地方的时候我就会开始思考这里可以放什么东西。
（★aYu★）

不经意间会有灵感。有时间的话我会把想到的创意画成画，并制定详细的制作计划。
（R）

中级 DIY 的规则

不会使用很多零部件，
也不用自己切割木材，难度适中！

轻松制作漂亮的架子！

详情见第39页

详情见第49页

详情见第42页

Point 1 可以在 1 小时之内完成

本章记载了许多适合DIY练习的作品。材料在小商品店或木材市场均可以买到。只要参照教程和成品图片，就可以在1小时之内完成。

Point 2 木材切割交给专业人士

材料中的木材多为已经切割好的商品或木踏板等。如果是自己动手的话，只进行“切成一半”“稍微切一点”等简单切割即可，除此之外交给专业人士负责。

也可以使用小商品店的木材商品

详情见第36页
详情见第51页
详情见第44页

仅用木工胶水贴合即可

详情见第42页

详情见第41页

详情见第51页

Point 3 不使用特殊工具

使用的工具为螺丝刀、锥子、喷胶枪等日常实用工具或小商品店能买到的工具。也有很多作品只需用笔一画，贴纸一贴即可。

[中级 DIY 实例]

【中级 DIY ①】教学者

kakihome

URL https://www/instagram.com/kakihome/

能把想法变为现实的就是DIY

kakihome大约于两年前开始改造厨房，以此为契机开始了DIY。

“我一边模仿自己喜欢的元素，一边加入自己的原创。如果你想改变某个部分的形状或者颜色，那么就来DIY吧。从小物品开始，逐渐就会掌握很多DIY技巧！”

贴上瓷砖改变厨房的整体印象

客厅的基调为白、灰和黑

Let's try!

制作彩色瓷砖杂货的系列作品！

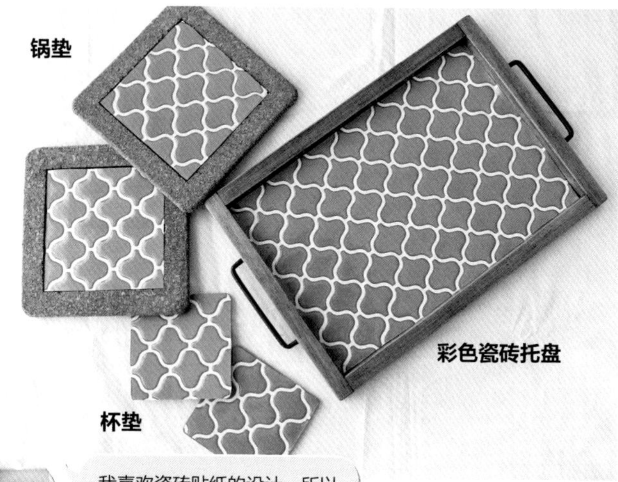

锅垫

彩色瓷砖托盘

杯垫

kakihome

我喜欢瓷砖贴纸的设计，所以我在各种物品上都试着贴了一下这种贴纸。

彩色瓷砖托盘等

材料（1个彩色瓷砖托盘、2个杯垫、2个锅垫、2个小置物盒所需材料）

- 瓷砖贴纸（31cm 见方、壁纸贴纸专卖店 Dream Sticker）x2
- 托盘 x1
- 杯垫（套装、Seria）x1
- 锅垫（套装、Seria）x1
- 小置物盒（Seria）x2

HOW TO MAKE 制作方法

1 仅粘贴即可。因为一旦贴上之后无法撕下来重贴，所以先稍微剪得大一点，再与物品进行比较并剪切，直至尺寸完全一致。

2 剪好之后，把贴纸按在物品上，撕下剥离纸的一角将贴纸贴于物品上。确定好粘贴位之后，逐渐撕下剥离纸并慢慢将贴纸贴于物品上。

耐热温度为120℃

不能用水洗，需用拧干的抹布擦拭

小置物盒，物品放上去几乎不会有声音

溅泼涂漆托盘

材料
- 托盘 x1
- 水性涂料 1（基础、黑色）x 适量
- 水性涂料 2（溅泼、白色）x 适量

HOW TO MAKE 制作方法

1 用刷子给托盘整体刷水性涂料1。此时，最好垫一个野餐垫，防止涂料弄脏地面。

2 用细绘画笔蘸取大量水性涂料2，并甩至托盘上，也可以故意滴落涂料。

背面可能会掉色，所以没涂

在各种托盘上尝试！

Let's try!

挑战原创涂漆！

如果你喜欢某个托盘的形状，却不喜欢其颜色或花纹时可以尝试！

kakihome

方块和陀螺装饰物

材料
- 木方块（套装、Daiso）x1
- 木陀螺（Daiso）x1
- 丙烯颜料 1（白色）x 适量
- 丙烯颜料 2（黑色）x 适量
- 丙烯颜料 3（灰色）x 适量
- 易撕纸胶带 x 适量
- 假绿植（多肉植物）x2

HOW TO MAKE 制作方法

1 参考图片，用丙烯颜料给木方块涂色，使用易撕纸胶带可以涂直线。

2 用锥子给木方块的上表面中央处开口，用来装饰绿植。按照开口大小剪切假绿植的根茎，将其插入木方块中。

3 给木陀螺的圆盘涂色。

kakihome

颜料容易渗透木头并易于上色，所以不用掺水稀释。

若用剪刀无法剪断假绿植的根茎，则使用钳子

可折叠纸胶带马路

材料
木板（Seria）x2
合页 x2
马路纹路的纸胶带 x 适量

HOW TO MAKE 制作方法

1 木板的厚度要跟合页的螺丝一样。用合页连接两片木板，并用马路纹路的纸胶带贴于没有合页的一侧。
2 用美工刀切断两片木板之间（折叠部分）的纸胶带。

可折叠，便于携带

能收纳在书架等地方

Let's try!

用木质 x 黑色物品给家里打造出统一感！（小物篇）

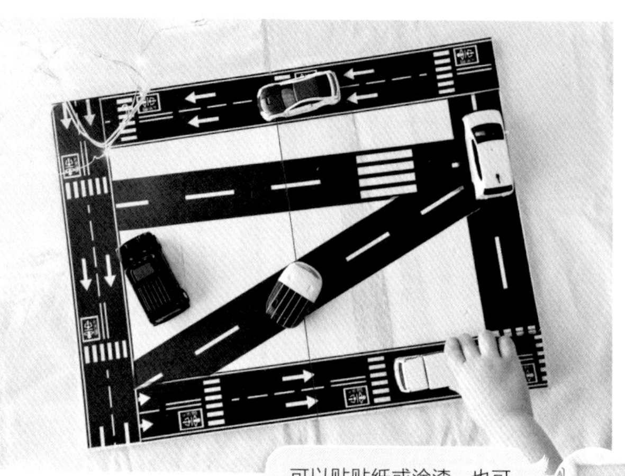

可以贴贴纸或涂漆，也可以加入其他建筑物或树等元素。

kakihome

也可以涂漆或贴纸胶带等加入自己原创的元素。

kakihome

鹿角风插花壁饰

材料
木板 x2
试管（套装、Daiso）x1
圆形挂钩 x4
L 型五金铁片 x1
木螺丝 x 适量
墙贴（三角形、Can Do）x 适量

HOW TO MAKE 制作方法

1 将一片木板切割成鹿的轮廓，另一片也切割成同样的形状，只不过比第一片小一圈。
2 用木工胶水将两片木板粘在一起。将试管放入挂钩的孔内，并确定4个圆形挂钩的安装位置。将挂钩摆成倒八字，这样在将植物插入试管里时看起来就像鹿角了。
3 确定好位置之后放置试管，用钳子将圆形挂钩的螺丝逐渐拧紧。4处做法相同。将板子立起来，挂钩不会掉落即可。用木螺丝将L型五金铁片安装于木板背面，并将其安装在墙上。在其下方将两张墙贴贴成蝴蝶状。

角型挂钩

如果担心试管掉落，可以另外购买角型挂钩安装成V字形

Let's try!

用木质 x 黑色物品给家里打造出统一感！（大物篇）

给胡桃木等涂水性清漆后，可以使木板颜色深沉透亮。

kakihome

六角桌

材料

- 木板 x1
- 折叠桌腿 x4
- 保护剂（OSMOCOLOR 等）x 适量

HOW TO MAKE 制作方法

1 将木板切割成六角形，如图片中一样安装四处折叠桌腿。

2 用刷子刷一层保护剂，防止饮料或食物渗入桌面木材。

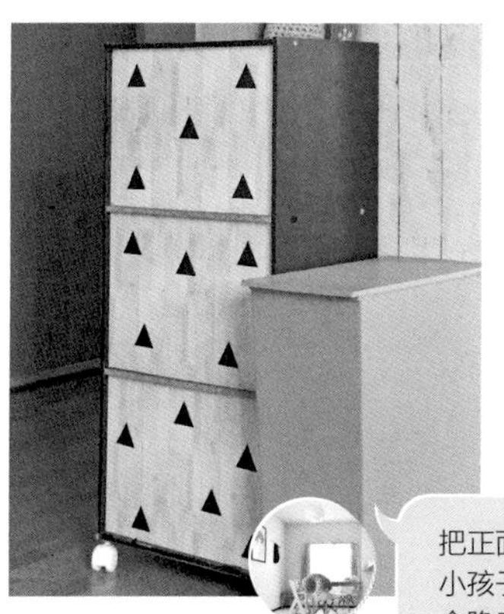

把正面藏起来也可以防止小孩子触碰抽屉，避免安全隐患。

kakihome

展示背面的彩盒

材料

- 三段式彩盒 x1
- 改造贴纸（木纹、Daiso）x 适量
- 墙贴（三角形、Can Do）x 适量
- 纸胶带（与木纹相近的颜色）x 适量
- 滑轮 x4

HOW TO MAKE 制作方法

1 将彩盒带抽屉的正面变成背面，将原来的背面朝向前面，在背面贴上改造贴纸，并在其上用墙贴进行装饰。用纸胶带隐藏木头截面露出的部分。

2 将滑轮安装于底面四角。

我们家是将柱子切割成比天花板高度矮40mm（不是制造商推荐的45mm）。

kakihome

使用专用固定件的洗涤用品收纳架

材料

- 专用固定件（2 个装）x1
- 2x4 木材（柱子）x2
- 木板（搁板）x2
- L 型五金铁片 x4
- 木螺丝 x 适量

HOW TO MAKE 制作方法

1 将2x4木板切割成比放置地点（这里是洗衣机放置处）的高度矮45mm。确定搁板的尺寸，并准备与搁板尺寸相匹配的L型五金铁片。

2 安装专用固定件和2x4木板。先确定位置再将2x4木板的上方抵至天花板，并慢慢推入下半部分，防止磨损天花板与地面。

3 用木螺丝安装L型五金铁片，并放置搁板。

【中级 DIY ②】教学者

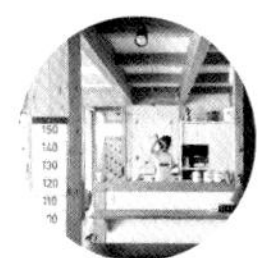

hanamama_125

URL https://www/instagram.com/hanamama_125/

我想打造一个全家人都可以享受的家

hanamama_125的新家大概一年前建成，与此同时她开始了DIY。她现在正在挑战“打造一个可以愉快玩耍的家”。因为她女儿最近要上小学了，所以她正打算制作学习桌、书本架、书包放置处等，并在客厅打造一个能学习的环境。

“住在自己一手打造出来的家里非常幸福。接下来我要继续对家里进行改造，进一步提高全家人的幸福感”。

Let's try!

用装饰架和毛巾挂活用无效空间

hanamama_125

比起木色，我们家更适合灰白色，所以我才决定自己涂色。

颜色统一的木质装饰板

材料
- 装饰板 x3
- 丙烯颜料 1（灰色）x 适量
- 丙烯颜料 2（白色）x 适量

HOW TO MAKE 制作方法

1. 支撑架涂丙烯颜料1，搁板涂丙烯颜料2，三组涂法相同。
2. 安装在墙上之后，不要摆放过于鲜艳的物品，以保持时尚感。

为了保持统一感，吊床也是灰色的

hanamama_125

除了围裙，也可以挂花环和围巾，增加情调。

毛巾挂收纳

材料

- 铁毛巾挂 x1
- 木螺丝 x 适量
- 钢丝夹（4 个装、无印良品）x1
- S 型挂钩（无印良品）x1

HOW TO MAKE 制作方法

1 用木螺丝将铁毛巾挂安装在墙上，并挂上钢丝夹和S型挂钩。
2 使用钢丝夹和S型挂钩挂围裙。

hanamama_125

根据墙壁材质和架子上放置的物品选择上墙方法。我们家用的是黑色的扣具。

使用皮带的吊架

材料

- 木板 x1
- 水性清漆（胡桃木等）x 适量
- 皮带（使用于绘本、TOKAI）x 适量

HOW TO MAKE 制作方法

1 用刷子给用作搁板的木板涂水性清漆。
2 如图片一样安装皮带，使木板吊起来。

Let's try!

可爱的门把手和拉钮

在niko and...买的拉钮

给铁把手加装饰物

拉钮一换门也变得时尚了

装饰物也是niko and...的商品

拉钮和把手的换装

材料

- 拉钮（数种）x 适量
- 铁把手 x 适量

HOW TO MAKE 制作方法

1 一边想象哪里适合放什么样的把手或拉钮，一边购买。
2 按照说明书安装即可！

hanamama_125

小孩子房间的门上挂的牌子里分别有孩子们各自的侧脸剪影。

制作手写文字杂货

Let's try!

原创艺术框

材料
- 光泽照片打印用纸 x1
- 油性笔 x1
- 相框（Seria）x1

HOW TO MAKE 制作方法

1 使用油性笔在光泽照片打印用纸上手绘自己喜欢的画或写上文字。
2 放进相框里进行装饰。

相框为墙壁装饰的主角

使用光泽照片打印用纸可以让写出来的文字或手绘的画清晰鲜明。

hanamama_125

牛皮纸蔬菜袋

材料
- 素色的牛皮纸袋（多个装、Daiso）x1
- 油性笔 x1

HOW TO MAKE 制作方法

1 给牛皮纸袋的口部折叠两次左右。
2 用油性笔在牛皮纸袋的侧面写上蔬菜的名字并手绘蔬菜图案。

hanamama_125

我们家不仅装蔬菜用牛皮纸袋，去超市时使用的购物袋也是牛皮纸袋。

从上面看是这样的！

半帘和撩帘

材料
布或挂毯 x 适量
伸缩杆 x 适量

HOW TO MAKE 制作方法

1 先确定想用布或挂毯遮挡的地点，并根据其宽度购买伸缩杆。将布或挂毯的上方几厘米处折叠并用缝纫机缝制，从中间穿过伸缩杆。
2 安装挂有布或挂毯的伸缩杆。

Let's try!

将置物处遮住

为了遮挡小隔间，我将买的树状图案的挂毯做成了撩帘。

hanamama_125

可以学习的海报墙

材料
海报类（字母表等）x 适量
可撕双面胶 x 适量

HOW TO MAKE 制作方法

1 在房间里找到能并排贴许多张海报的地方。
2 使用可撕双面胶，一边看效果一边贴海报。

Let's try!

用字母表活用无效空间

我在孩子们坐在桌子前学习时抬头能看到的位置贴上了字母表。

hanamama_125

【中级 DIY ③】教学者

mika

URL https://www.instagram.com/mika.nnokanzume/

Let's try!

制作家人的个人空间

时刻思考接下来要改造哪里

孩子们的玩具越来越多，不知道放在哪里比较好，于是mika就做了一个柜子，并从此走上了DIY之路。之后她结交了许多一起DIY的朋友，至今已5年。现在她时刻都在思考接下来要改造哪里。“对我来说，思考怎样制作和怎样放置是最幸福的时刻。我总找别人帮我切割木材，现在我们关系特别好（笑）。看见成品的时候非常有成就感。”

我喜欢在窗框上装饰小物品

客厅里有许多DIY作品

淑女耳环展示柜

材料

双面框（Seria）x1

水性清漆（胡桃木等）x 适量

放在花盆下的铁网 x 适量

HOW TO MAKE 制作方法

1 拆掉双面框的玻璃，并用刷子给框刷水性清漆。

2 根据双面框的大小剪切放在花盆底下的铁网，并安装于其中。

mika：将耳环挂在网格上进行收纳，既方便又易取。

mika：对于小孩子们的东西，我首先要考虑“对于他们本人来说是否方便使用”。

儿童小车收纳

材料

1x4 木材 A（长 800mm）x2

1x4 木材 B（长 200mm）x5

1x4 木材 C（长180mm）x4

木螺丝 x 适量

HOW TO MAKE 制作方法

1 用1x4木材A和B制作大的框架，并用木螺丝固定。

2 用1x4木材C制作搁板，并用木螺丝固定。

一下子就能拿出想要的小车

鞋柜改造

材料

- 胶合板 A（高柜正面）x2
- 胶合板 B（高柜侧面）x1
- 胶合板 C（矮柜正面、侧面）x3
- 水性涂料（白色）x 适量
- 纸胶带 x 适量
- 强力双面胶 x 适量

HOW TO MAKE 制作方法

1 对现有的鞋柜进行改造。比如像我们家的鞋柜的话，高柜（左侧收纳）共需3片胶合板A和B，矮柜（右侧收纳）共需3片胶合板C，测量好各自的尺寸之后去切割木板。

2 用刷子给胶合板的所有表面涂水性涂料。晾干之后，用刻刀给2片胶合板A和2片胶合板C（4片正面）刻出纹理。

3 用纸胶带和强力双面胶将2贴于鞋柜主体的正面。

Let's try!

家里的脸面——玄关的改造

若给胶合板刻出纹理，看起来就像几片木板组合哦！

mika

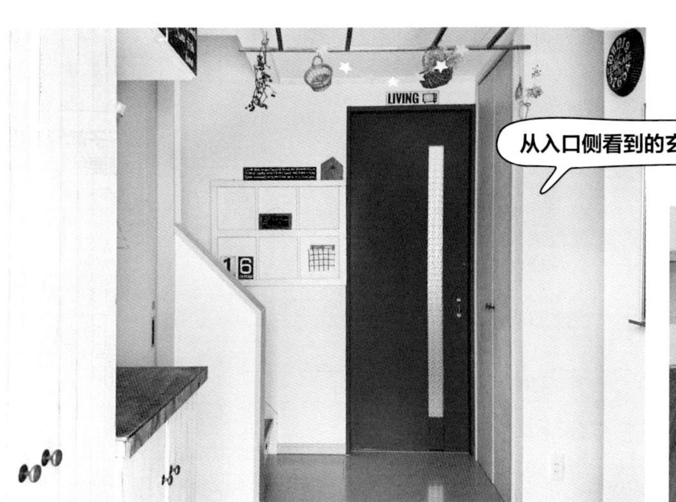

Let's try!

木质收纳盒 打造舒适生活

小物品收纳盒

材料

木材 A（顶面与底面、190mmx260mmx 厚 10mm）x2
木材 B（侧面、190mmx145mmx 厚 10mm）x2
木材 C（隔断、190mmx240mmx 厚 10mm）x1
胶合板（260mmx165mm）x1
钉子 x 适量
木箱（抽屉、Seria）x2
骑马卡 x2

HOW TO MAKE 制作方法

1 用木材A和B制作盒子的框架，并用木工胶水和钉子固定。同样，将木材C固定于隔断部分，胶合板固定于背面。
2 将骑马卡作为把手安装于木箱上，做成抽屉。

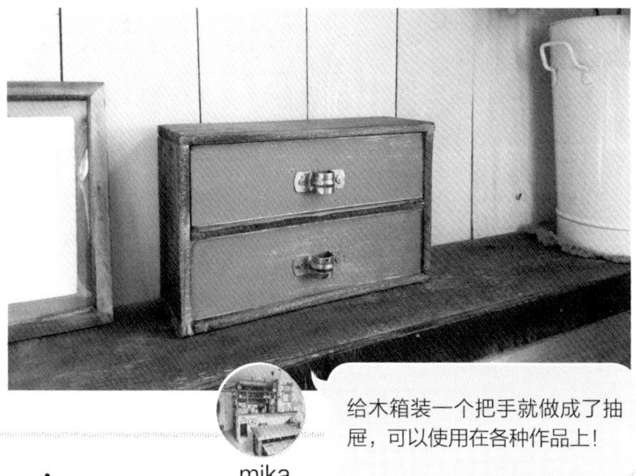

mika

给木箱装一个把手就做成了抽屉，可以使用在各种作品上！

苹果箱收纳盒改造

材料

苹果箱 x2
木板 A（下层竖隔断）x1
木板 B（上层门）
方材（下层木箱固定件）x4
木箱 x3
木螺丝 x 适量
合页 x2
把手 x4
滑轮 x4

苹果箱

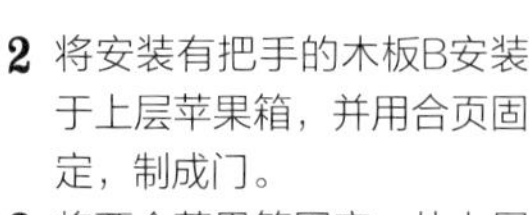

角材

HOW TO MAKE 制作方法

1 将苹果箱洗干净晾干。将木板A安装成下层苹果箱的竖隔断，并用木螺丝固定。将方材作为固定件安装于竖隔断的左侧，并用木螺丝固定。放置安装有把手的木箱做成抽屉。
2 将安装有把手的木板B安装于上层苹果箱，并用合页固定，制成门。
3 将两个苹果箱固定。从上层苹果箱向下层苹果箱的竖隔断（木板A）钉几处木螺丝（避开1中将木板A安装于下层苹果箱时钉的木螺丝的位置）。给底面四角安装滑轮。

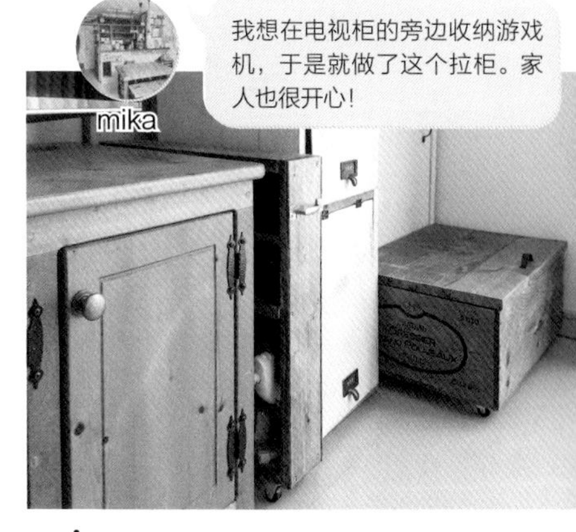

mika

我想在电视柜的旁边收纳游戏机，于是就做了这个拉柜。家人也很开心！

长条收纳盒

材料

圆棒 x2
固定圆棒的底座 x4
水性涂料（绿色）x 适量
蜡（BRIWAX 等）x 适量
1x4 木材 A（侧面）x2
1x4 木材 B（顶面、搁板和底面）x3
胶合板（背面）x1
木螺丝 x 适量
滑轮 x4
把手 x1

HOW TO MAKE 制作方法

1 用刷子给圆棒和固定圆棒的底座涂水性涂料。
2 根据要放置的物品（游戏机或其他）和放置位置，用2片1x4木材A和2片1x4木材B制作盒子的框架，并用木螺丝固定。剩余1块B用作搁板。像图片一样安装圆棒和固定圆棒的底座（固定圆棒的底座也用木螺丝固定）。
3 对整体进行涂蜡，给底面四角安装滑轮，并用木螺丝将把手安装于侧面。

可以从窄缝里轻松拉出来

Let's try!

楼梯侧边和卫生间改造

窗框风艺术板

材料

木材A（竖框）x2
木材B（横框）x2
木材C（竖隔断）x4
挂网 x 适量

HOW TO MAKE 制作方法

1 将木材A、B和C组合，并用木工胶水和射钉枪（木工用订书机）固定，做成窗框风。
2 用射钉枪从三处框架内侧安装挂网，完成后用木螺丝或强力双面胶等上墙。

mika：台阶侧边原本没有窗户，现在变得非常敞亮，我很喜欢。

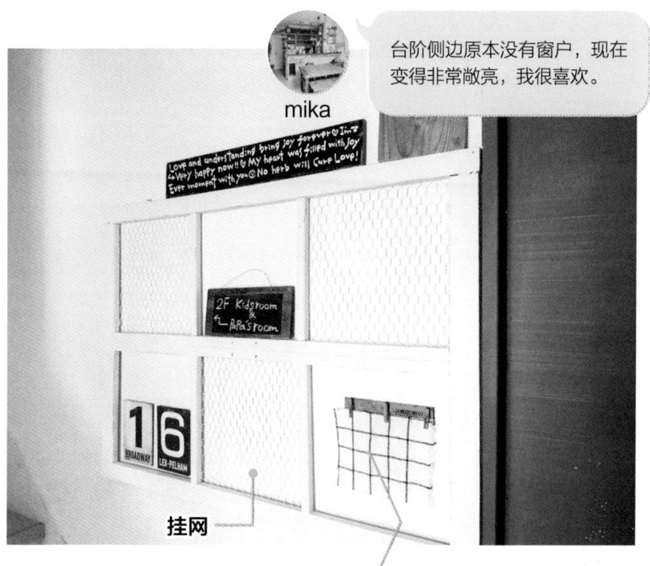

mika：我是在网上买的这款地垫，不会过于甜美，也不会过于硬朗，我很喜欢。

花纹瓷砖地板

材料

地垫（花纹瓷砖）x 适量
地垫专用双面胶 x 适量

HOW TO MAKE 制作方法

1 按照卫生间地面的纸样剪裁地垫。
2 用地垫专用双面胶进行粘贴。

★ aYu ★

URL https://www.instagram.com/yomichan01/

根据自己的喜好时刻改变家居装饰

★aYu★于13年前购买了公寓，她喜欢时时刻刻对装饰进行改造。

“人的喜好时刻在变化，我会根据当时的喜好来改变家居装饰，因此我平时一直在思考‘哪里可以放装饰物’‘这个扔了太可惜，能不能改造一下’。虽然开始DIY才一年半左右，但自己动手做出某样物品或者换壁纸就能改变家里的形象，让我特别开心。因为自己制作成本较低，所以DIY也能节省家庭支出。”

长长的装饰架是家里的象征

咖啡厅风客厅

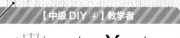

Let's try!

与装饰风格统一的彩柜改造

★aYu★

之前这个彩色柜子与家里内饰风格不符，但经过改造后非常适合我们家的风格。

咖啡厅风彩柜

木材 A（侧面）x2	木螺丝 x 适量
木材 B（背面）x1	合页 x2
木材 C（顶面和底面）x2	蜡（BRIWAX 等）x 适量
木材 D（门）x4	水性涂料（白色）x 适量
方材（加固）x3	模绘板 x 适量

HOW TO MAKE 制作方法

1 测量彩柜的尺寸，并切割能覆盖该彩柜的木材A、B、C和D，根据门（木板D）的宽度切割方材。

2 用木材A、B和C覆盖彩柜，并用木螺丝固定（直接对彩柜钉木螺丝）。用胶水竖着粘4片木材D做成门。用木螺丝在背面固定方材进行加固。用合页将门安装于主体上。

3 给整体涂蜡，晾干之后用水性涂料和模绘板绘出英文字母。

Let's try!

制作利用墙壁的收纳角

燃气灶前的厨房架

- 木材 A（左右柱子）x2
- 木材 B（挂式收纳板）x1
- 木材 C（底面）x1
- 木材 D（右下方的架子、顶板和搁板）x2
- 木材 E（右下方的架子、侧面）x1
- 砂纸 x1
- 蜡（BRIWAX 等）x 适量
- 木螺丝 x 适量　S 型挂钩 x 适量
- 铁杆（Seria）x1　调节扣 x 适量

HOW TO MAKE 制作方法

1 确定木材A、B、C、D和E的尺寸，并进行切割（木材A切掉安装右侧图片中的调节扣的高度）。对所有木材用砂纸打磨后涂蜡。

调节扣

2 参照下方图片确定左右柱子和挂式收纳板的位置，并从侧柱打木螺丝进行固定，用木螺丝将铁杆安装于挂式收纳板并挂上S型挂钩，使用调节扣进行加固。

3 制作下方图片中右侧的架子。参考下方图片，用木螺丝将2片用作顶板和搁板的D安装于左侧面木材E，最后将其用木螺丝固定于主体上（架子右侧面=主体右柱，架子底面=主体底面）。

非常好用，当然也可以使用专用固定件进行制作。

★aYu★

挂壁架

- 1x4 木材 A（左右框、600mm）x2
- 1x4 木材 B（上下框、450mm）x5
- 砂纸 x1　蜡 x 适量
- 木螺丝 x 适量　水性涂料（白色）x 适量
- 三角五金配件挂钩（固定件）x2

HOW TO MAKE 制作方法

1 切割1x4木材A和B，用砂纸打磨之后涂蜡。擦去蜡，并在其上涂抹水性涂料。

2 用2个1x4木材A和2个1x4木材B制作框架，用剩余的B制作2个搁板和最上层的背板。用木螺丝从左右框架侧固定搁板和背板。

3 完成之后用砂纸再次打磨，打造复古感。用木螺丝安装三角五金配件挂钩（固定件见右侧图片），并安装于墙上。

只在最上层安装背板

★aYu★

我想摆放自己喜欢的物品，所以制作了这个架子，用摁钉使其固定于墙上。

开放式厨房架

- 专用固定件（2 个装）x1
- 2x4 木材（柱子）x2
- 木材 A（上侧搁板）x1
- 木材 B（挂式收纳）x1
- 五金连接件 x4
- 木螺丝 x 适量
- 铁杆（Seria）x2
- S 型挂钩 x 适量

HOW TO MAKE 制作方法

1 将2x4木材切割为比安装地点（这里是厨房）短45mm。确定木材A、B的尺寸。

2 安装专用固定件和2x4木材（参照第39页的洗涤用品收纳架）。参照图片安装木材A和B，并用五金连接件和木螺丝进行加固。用木螺丝将铁杆分别安装于木材A和B上，并挂上S型挂钩。

用来放筐和竹笊篱。将柱子切割成比天花板高度矮40mm（而不是制造商推荐的45mm）。

★aYu★

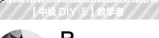

R

URL https://www.instagram.com/r_____stagram

Let's try!

制作实用的装饰杂货

因为可以复原，所以不担心失败

R一家人租住的房子房龄在20年以上。她会对不方便的、旧的物品进行DIY改造，并乐于其中。

"我父亲很擅长DIY，而且我看到很多人非常喜欢家居装饰，于是我就突然想开始DIY了。人总是喜欢自己做出来的东西。虽然有时成品可能跟想象得不太一样，或者尺寸错误，但是下点功夫就能复原，这也是DIY的一个好处。"

电视柜和咖啡桌为自己动手制作

安装了金属丝网的洗脸池

六边形金属丝架

材料（图片中右下方小架子所需材料）

- 金属丝网（4x16 格、Seria）x2
- 扎带 x 适量

HOW TO MAKE 制作方法

1. 用桌边等将2片金属丝网每5格折成120°。此时，可以在桌子上垫一个野餐垫，防止桌子受损。
2. 用扎带将折好的2片金属丝网扎成六边形。

R：使用上墙挂钩将其安装于墙上。可以在小商品店购买。

R：给用作顶板的木质时钟的贴纸涂上餐具洗涤剂并放置一定时间后，就能轻松撕下了哦！

双层植物架

材料

- 园艺橛子（长 800mm、Daiso）x4
- 玩具木质时钟（Daiso）x2
- 丙烯颜料（白色）x 适量
- L 型五金铁片 x8

HOW TO MAKE 制作方法

1. 用锯子切掉4根园艺橛子上方尖尖的部分（图片A）。
2. 撕掉2个玩具木质时钟（图片B）正面的贴纸，并用丙烯颜料给其正反两面涂色，用作顶板。
3. 确定顶板的位置，并给4根园艺橛子标上记号，用木螺丝固定L型五金铁片。将顶板置于其上，同样用木螺丝固定。

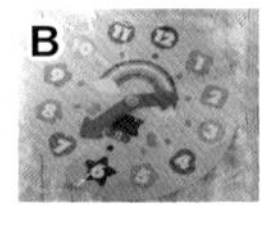
B

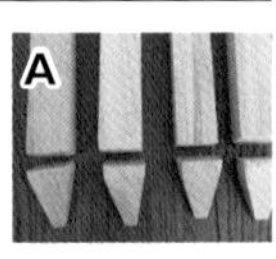
A

方块型彩柜

- 软木杯垫（4 个装、Seria）x6
- 丙烯颜料（白色）x1
- 彩柜（2 组 3 门收纳柜、似鸟）x2
- 滑轮（带制动器、2 个装、Seria）x4
- 防撞杆 x 适量

HOW TO MAKE 制作方法

1 用画笔给24个软木杯垫的背面（不是软木素材的一侧）涂丙烯颜料。
2 组装彩柜（不安门），给底面四角安装滑轮。
3 参考右侧图片，用木工胶水将涂白的软木杯垫贴于门上，晾干后将门安装于彩柜。除了与墙面相接的一面，给顶面中的其余三个方向的边缘贴防撞杆。

作为玩具柜使用时摆成这个形状

Let's try!

将彩柜改造成儿童款式

安装防撞杆后不仅可以防止小孩子受伤，也可以防止玩具掉下来。

R

用磁铁安装厨房工具架

- 木踏板（Daiso）x4
- S 型挂钩 x 适量
- 绳钩 x4
- 问号钩 x 适量
- 木盒（Seria）x1
- 超强力磁性挂钩（4 个装、Daiso）x2
- 木螺丝 x 适量
- 木工圆棒（Seria）x2

Let's try!

将冰箱侧边改造成收纳处

有效利用了无效空间。我将常用的物品收纳在这里，使家务活更加轻松。

R

HOW TO MAKE 制作方法

1 用木工胶水或喷胶枪等连接4片木踏板。
2 用木螺丝将2个绳钩固定于其上部，并放置木工圆棒。将几个S型挂钩挂在圆棒上，用来挂咖啡杯。在下部左侧也同样用木螺丝安装2个绳钩，并放置半根木工圆棒，用来挂毛巾。在下部右侧用木螺丝固定木盒，用来放餐具洗涤剂。在中间安装5个左右的问号钩，挂厨房用具。
3 将8个超强力磁性挂钩贴于冰箱上。

粘贴即可完成的墙面和杂货

拜访3名纸胶带达人的私宅

3名ins博主将给我们讲解可以给墙面添彩、给杂货添加原创元素的纸胶带。

用纸胶带改造墙面

可以在墙面贴装饰纸胶带进行小冒险

我在纯白的厨房背面贴上了装饰纸胶带，使其变成了灰色。“一边贴一边压紧，防止空气进入，这样贴出来效果最好。”（shima∴）

将玄关改造成轻快的颜色——黄色

给玄关墙壁同样贴装饰纸胶带，使其从白色变成明亮的黄色，其中还装饰了房子形状的艺术画。“也可以用2种不同颜色的纸胶带贴成横纹或竖条形状。”（shima∴）

用纸胶带改造杂货

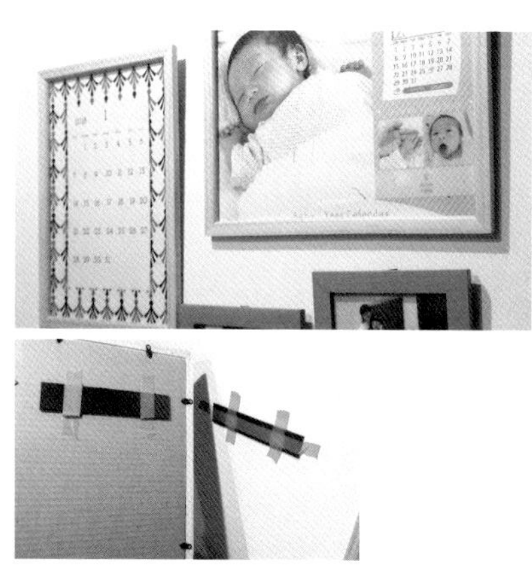

用纸胶带安装框架

使用板状强力磁铁和纸胶带将相框安装于墙上。“用纸胶带将一个强力磁铁贴在墙上，另一个贴在相框上即可，这样就不用给墙打孔了。”（Aya Furuta）

用纸胶带装饰简约软木板

“将自己喜欢的纸胶带贴在小商品店买的简约杂货上即可。”（Aya Furuta）

将浅色纸胶带贴在了软木板的框上。

贴上纸胶带来表示这是自己的东西

如果自己跟家人或朋友拥有同一种物品，可以贴上纸胶带表示这是自己的。“我贴在了充电器上。”（MEGUMI）

夏天贴樱花，冬天贴大海，按季节改变的艺术画

用纸胶带在墙面画画，让放玩具的地方更加有趣。“使用纸胶带就可以根据季节或心情换成不同的艺术画。”（Aya Furuta）

用纸胶带画出年龄和彩色纸屑庆祝生日

孩子生日时候的纸胶带艺术画。“我儿子1岁的时候，我用几种不同花纹的纸胶带画出了数字1。彩色纸屑也是用纸胶带贴的。撕下来的时候也非常轻松。”（Aya Furuta）

Before

After

可以把自己不喜欢的颜色覆盖掉

用自己喜欢的颜色或花纹的纸胶带覆盖掉不喜欢的某个杂货的某个部分的颜色或花纹。“我把日历的顶部从蓝色换成了黑色，与内饰搭配。”（shima∴）

制作纸胶带木夹

“纸胶带越来越多，我在发愁应该怎么办，正好又在SNS上看见有人将纸胶带贴在了木夹上，于是我也试了一下。”（MEGUMI）

也可以给正反面贴不一样的花纹。

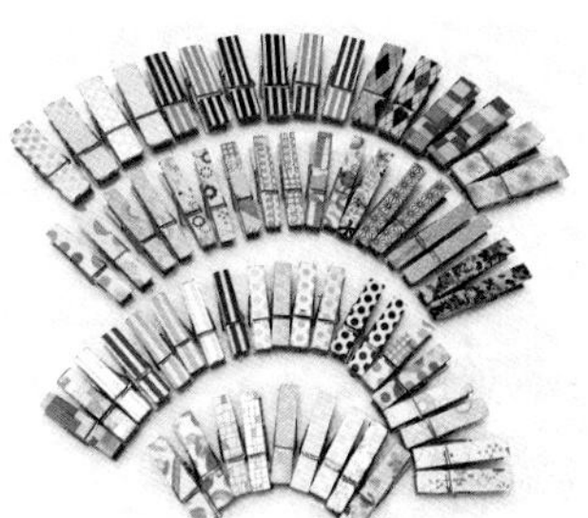

教学者

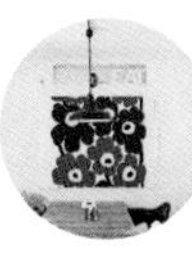

shima∴

URL https://www.instagram.com/shima___3/

喜欢制作杂货，并在minne上进行售卖（shima-design）。纸胶带挂在似鸟的西裤衣架上或者按大小放在无印良品的盒子里进行收纳。

\ 纸胶带收纳法 / 使用衣架！

Aya Furuta

URL https://www.instagram.com/aya_peso_irodori/

边工作边育儿的母亲。将纸胶带放在客厅的篮子里，以便贴信封或给物品写名字时能马上找到并使用。

\ 纸胶带收纳法 / 随意放在篮子里

MEGUMI

URL https://www.instagram.com/meguuu11.1/

喜欢音乐和旅行的纸胶带收集者。纸胶带“排成2列收纳既漂亮又好用”，于是就把纸胶带放在了黏土盒里。

\ 纸胶带收纳法 / 整齐地放在盒子里

Ins 博主亲自传授 PART2

高级DIY

目标为 5 小时之内完成的精心制作的

一定程度上掌握了DIY之后就可以挑战制作高级的作品了。能改变家里的氛围使生活更加便利的架子、设计精美的杂货等，光是想想就激动。第56~67页中为大家介绍了许多思路，供大家在思考做什么、怎么做时参考。大家可以欣赏到3位Ins博主（DIY名人）的创意和设计。

采访 Ins 博主

接下来想做什么?

我想做电视柜。等找到合适的踏脚板，我会马上开始制作。（coconono769）

我想做一个能收纳DIY所用道具的架子，还想翻修一下完全没动过的二楼的一个房间。（味子）

我想做一个尽量大一点的外国风帅气工作台。（MAACO）

高级 DIY 的规则

已经制作了5~10件作品，
并且已经熟练的人，可以开始尝试高级DIY。
集齐基本工具后就可以尝试啦！

花 5 小时使"墙壁"焕然一新！

详情见第67页

详情见第60页

详情见第59页

Point 1 目标在 5 小时之内完成

制作高级DIY作品最好在5小时之内完成。如果你想自己切割木材以及涂漆，不用一口气全部做完，可以分成几天进行。

Point 2 改造成自己喜欢的风格

第56~59页的装饰为"复古+现代风"，第60~63页为"国外装饰+黑白风"，第64~67页为"旧物风"。一边考虑设计或涂饰，一边打造出自己喜欢的风格吧。

详情见第64页

详情见第63页

在涂饰上下点功夫的话，风格会发生巨大变化

详情见第56页

详情见第63页

详情见第58页

通过工具也能拓宽 DIY！

详情见第65页

Point 3 掌握便利工具的使用方法

需要使用的工具有电动钢丝锯、电钻等。掌握这些工具的使用方法能使DIY更加顺利。第68~75页介绍了基本工具的使用方法。

[高级 DIY 实例]

【高级 DIY ①】教学者

coconono769

URL URL:https://www.instagram.com/coconono769/(※)

制作出与自己想要的物品完全一样的作品时非常开心

coconono769开始DIY的契机是想给儿子做一个能玩积木的桌子。

“做完之后成品与自己想要的一模一样，当时我特别开心和激动，然后就走上了DIY之路。我做的都是家里需要的、使日常生活更加方便的东西。因为很难买到百分之百符合自己需求和喜好的物品，所以我都是自己动手制作。”

安装了黑板式日历的厨房

客厅的亮点是涂漆的顶板

Let's try!

老化加工增加作品的韵味

上面是“笑脸和星星帽子挂钩”，下面是“门涂漆鞋柜”。

coconono769

玄关整体模样

笑脸 & 星星帽子挂钩

材料
- 杨木层板 x1
- 水性涂料（各色）x 适量
- 圆棒 x1
- 暗挂 x12

HOW TO MAKE 制作方法

1 用电动钢丝锯将杨木层板切成圆形或星星（12个）。用水性涂料进行涂漆及老化涂漆。
2 将圆棒切成20mm左右的长度（12个），使用木工胶水将其粘于圆形及星星的背面中间。
3 将暗挂安装于2，用摁钉等使其上墙。

coconono769：利用木材的厚度挂住帽子，不挂帽子的时候也很可爱。

CHECK!

coconono769风格的

老化涂漆方法

1 用刷子涂基础颜色的水性涂料，并用画笔画出纹路或用模绘板画英文字母。
2 用蘸有棕色水性涂料的洗碗海绵从边缘开始按压，中间部分也用海绵轻轻按压，使成品更有韵味。
3 仅有棕色会比较突兀，所以用同样的方法，即用蘸有黑色涂料的海绵从边缘开始按压于其上。

涂完漆正在晾干

背面是这样的！

详细制作方法
请看第90页

coconono769：做的时候很辛苦，可是做成了就会发现很值得！我非常喜欢。

门涂漆鞋柜

材料
- 8种尺寸的松木板 x 共 76
- 木螺丝 x302
- 水性染料（棕色）x 适量
- 水性涂料（各色）x 适量
- 模绘板 x 适量
- 五金把手 x20
- 合页 x40
- 磁铁碰珠 x20

HOW TO MAKE 制作方法

1 使用7种尺寸的松木板组装鞋柜主体部分，并用电钻钉螺丝来固定。用水性颜料涂底层。
2 用1种尺寸的松木板制作门。用水性涂料和模绘板画出英文字母并进行老化处理，分别在其下部安装五金把手。
3 将每个门用两个合页和一套磁铁碰珠安装于鞋柜主体部分。

积木专用游戏桌

材料

- 5 种尺寸的松木板 x20
- 木螺丝 x96
- 水性染料（棕色）x 适量
- 水性涂料（黑色）x 适量
- 模绘板 x 适量
- 积木垫 x2
- 积木收纳盒 x1

HOW TO MAKE 制作方法

1 用电钻钉木螺丝，安装5种材料的松木板，做成两张桌子。用刷子涂水性染料。

2 将两块积木垫分别铺在两张桌子上，用水性涂料和模绘板给积木收纳盒画英文字母。

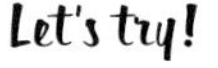

Let's try!

制作让大人和孩子都很兴奋的桌子

详细制作方法请看第91页

这是我第一次DIY的作品，孩子们非常喜欢。

coconono769

同时使用黄色椅子

我想要个大的暖桌，于是就做了一个1200mm x 1200mm的！牛仔纹很适合！

coconono769

这是放顶板的部分

加固四角的五金接合件

顶板涂漆的暖桌

材料

- 松木板 A（涂漆）x 适量
- 松木板 B（基板）x1
- 松木板 C（框架）x4
- 松木板 D（放顶板）x1
- 2x4 木板（桌腿）x 适量
- 水性涂料（各色）x 适量
- 模绘板 x 适量
- 木螺丝 x 适量
- 五金接合件 x4
- 暖桌加热器 x1

HOW TO MAKE 制作方法

1 将松木板A故意切成不同长度，放在正方形基板B上，并确定顶板的设计。给每块A用水性涂料和模绘板画英文字母及老化涂漆。晾干后，用木工胶水将其粘在B上。

2 用松木板C制作桌子的框架，并用木螺丝固定，用五金接合件从内侧固定四角。将D（用于放置顶板）安装于框架上，并安装2x4木材的桌腿。在放置顶板的木材背面安装暖桌加热器，正面放置1（顶板）。

木材圣诞树

材料

- 1x4 木材 x 适量
- 水性染料（棕色）x 适量
- 水性涂料（白色）x 适量
- 模绘板 x 适量
- 管道固定件 x 适量
- 圆棒 x1
- 细金属棒 x1
- 星星装饰 x1
- 涂饰手提桶 x1

HOW TO MAKE 制作方法

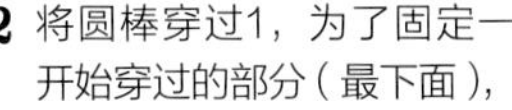

1 切割1x4木材并（从短到长）排列，用水性染料涂底色之后，用水性涂料和模绘板画英文字母。给每块木材的背面安装管道固定件。

2 将圆棒穿过1，为了固定一开始穿过的部分（最下面），而用电钻等贯穿该部分的圆棒和管道固定件，并用细金属棒穿过该贯穿部分（充当限位器）。

3 将其插入手提桶，并在最上面放置星星装饰。

圣诞节结束之后也可以摆放这棵圣诞树（笑）。

coconono769

Let's try!

用深木色提高装饰档次

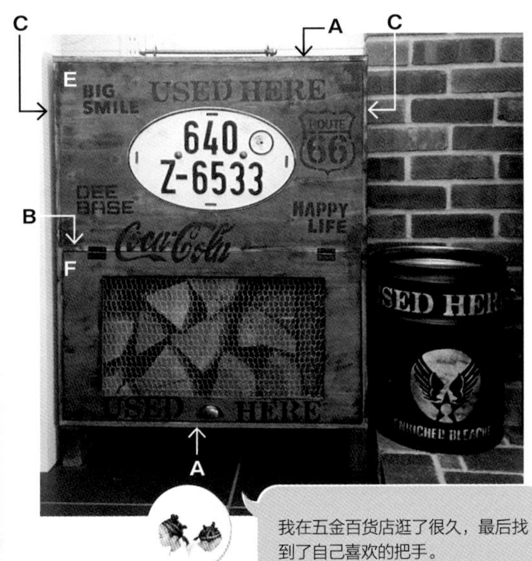

coconono769

我在五金百货店逛了很久，最后找到了自己喜欢的把手。

储柴箱

材料

- 杨木层板 A（底板、上层收纳的盖子）x2
- 杨木层板 B（搁板）x1
- 杨木层板 C（侧板）x2
- 杨木层板 D（背板）x1
- 杨木层板 E（上侧收纳前侧板）x1
- 杨木层板 F（下层的门）x1
- 木螺丝 x 适量
- 椭圆形名牌 x1
- 五金提把（使上侧收纳的盖子开闭）x1
- 五金把手（下层的门）x1
- 网格 x1
- 合页 x5
- 水性染料（棕色）x 适量
- 水性涂料（黑色）x 适量
- 模绘板 x 适量

HOW TO MAKE 制作方法

1 用一片杨木层板A（底板）和B~E制作主体，用木螺丝固定，将名牌安装于E。用剩下的一片A和五金提把制作上层收纳的盖子，并用F、五金把手和网格制作下层的门。用三个合页将上层收纳的盖子安装于D背板，用两个合页将下层的门安装于B搁板。

2 用水性染料给1涂底色，并用水性涂料和模绘板画英文字母及老化涂漆。

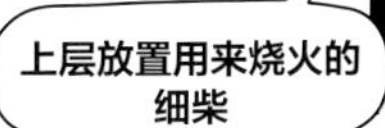

【高级 DIY ②】教学者

MAACO

URL https://www.instagram.com.macco.uw/

关注者约 6000 人！

自学约2年，现在可以随心所欲地进行制作

大约2年前，MAACO去小商品店购买做美甲的材料，突然看见店里有一个小箱子，她就想能不能用小箱子做点什么东西，于是她就开始了DIY。

“一开始我连钉子都钉不直，后来我做了很多东西，又学了很多知识，现在我想做什么就能做出来什么。”

参考国外装饰风格的房间

黑白DIY作品较多

Let's try!

制作黑底白字的硬朗风杂货

详细制作方法请看第92页

MAACO：一个小垃圾铲，装饰起来非常漂亮，可以成为一个亮点。

车牌垃圾铲

材料

- 铁皮车牌（Seria）x1
- 磨铁砂纸 x1
- 水性涂料 1（磨砂黑）x 适量
- 水性涂料 2（白色）x 适量
- 丙烯颜料 1（黑色）x 适量
- 丙烯颜料 2（棕色）x 适量
- 方材 x1
- 圆棒 x1
- 复古蜡 x 适量
- 木螺丝 x2
- 长木螺丝 x1

HOW TO MAKE 制作方法

1 折起铁皮车牌的两端，折成簸箕状。因为很难用手折，所以可以用厚板材（右上图片）夹住要弯折的部分，利用杠杆原理使其弯折。

用厚板材进行弯折！

2 用磨铁砂纸进行预处理，注意不要把涂料磨掉，然后使用水性涂料1和2以及丙烯颜料1和2进行涂漆。

3 用木工胶水将涂有复古蜡的方材和圆棒连接成T字形，然后开孔，并用长木螺丝固定。用电钻给两个★处开孔，最后将两个★和方材对齐，给方材开孔，用木螺丝从里侧进行固定。

硬朗风储物箱

详细制作方法
请看第93页

- 3 种尺寸的木芯板 x 共 6
- 杉木板 x2
- 细螺丝 x28
- 圆头自攻螺丝 x16
- 水性涂料 1（磨砂黑）x 适量
- 水性涂料 2（白色）x 适量
- 模绘板 x 适量
- 滑轮 x4

HOW TO MAKE 制作方法

1. 使用3种尺寸的木芯板和作为侧板（上）的两块杉木板组装储物箱主体，并用电钻通过细螺丝进行固定。
2. 给整体涂水性涂料1，晾干后用水性涂料2和模绘板画英文字母。
3. 通过圆头自攻螺丝将滑轮安装于底面四角。

虽然材料里没有顶板，但安装上顶板后其就可以当一个小茶几，放在沙发或床旁边使用。

MAACO

安装顶板后的模样

详细制作方法
请看第94页

因为将Seria板材切成两半，所以一次能做出两个收纳柜。

MAACO

收纳DIY工具

木甲板收纳柜

- 3 种尺寸的板材（Seria）x 共 4
- 木甲板（Seria）x4
- 钉子 x56
- 水性涂料 1（磨砂黑）x 适量
- 水性涂料 2（白色）x 适量
- 模绘板 x 适量
- 砂纸 x1

HOW TO MAKE 制作方法

1. 将板材从正中间一分为二。
2. 将涂抹了水性涂料1的1（底面可以不涂水性涂料）和木甲板组装成箱子状，用钉子固定。用水性涂料2和模绘板在前侧面画英文字母和数字。
3. 用砂纸打磨木甲板和边角，进行老化加工。

首饰盒

材料

素面的盒子 x1	英语报纸 x1
五金把手 x1	毛毡 x 适量
水性涂料（磨砂白）x 适量	与毛毡匹配的圆棒、方材 x 适量

HOW TO MAKE 制作方法

1 用电钻给素面的盒子边缘开孔，用来安装把手，并涂抹水性涂料。用被水稀释过的木工胶水将英语报纸粘在晾干的盖子和主体上。晾干后再次涂一层薄薄的水性涂料。

2 用木工胶水将毛毡粘在盖子和主体的内侧。将毛毡缠在圆棒上做挂式收纳，将毛毡缠绕在方材上做隔断，再将其分别置于主体上，用木工胶水粘合。

3 给盖子安装五金把手。

保证英文字母能透过

Let's try!

制作梳妆台小物收纳

我把节日的时候别人送的素面的盒子做成了复古风的首饰盒。

MAACO

就像做手捧花一样，非常开心，装饰上棉花珍珠后更加奢华。

MAACO

手捧花镜子

材料

- 带手柄的圆镜（Daiso）x1
- 底漆（涂底）x 适量
- 易撕纸胶带 x 适量
- 水性涂料（磨砂白）x 适量
- 蕾丝（Seria）x 适量
- 假花（大、中、小、Seria）x 适量
- 棉花珍珠 x 适量

HOW TO MAKE 制作方法

1 给圆镜除镜子以外的部分全部喷涂底漆，保证其不会剥落（可以用易撕纸胶带将镜面盖上），晾干后涂抹水性涂料。

2 用喷胶枪将蕾丝粘在圆镜背面边缘，剪掉干花的根部，将其粘在镜子边缘之外的部分（从外侧往里粘），最后装饰棉花珍珠。

蕾丝要从镜子后面露出来

用相框制作架子

材料

- 双面木质相框（Seria）x2
- 水性涂料（磨砂黑）x 适量
- 水性清漆 x 适量
- 墙贴（透明、Seria）x1
- 木箱 x1
- 钉子 x 适量
- 板材（120mmx220mm）x1

HOW TO MAKE 制作方法

1. 拆掉双面木质相框的玻璃和紧固件，给木框涂水性涂料。晾干后，将剪裁好的墙贴夹入相框的玻璃之间，并放回木框中。
2. 用被水稀释过的水性清漆涂抹顶板板材和放在下层的木箱。
3. 用木工胶水粘贴1和2，并用短的钉子固定。

如果家里有孩子，可以将相框里的玻璃换成亚克力的，这样就不会碎了！

MAACO

小物品收纳兼装饰

Let's try!

用双重用途收纳和架子打造便利生活

虽然材料里没有顶板，但放上顶板就能作为边几使用。长螺丝下方有一定空间，所以不用把手也能轻松移动。

MAACO

详细制作方法
请看第95页

长螺丝把手收纳盒

材料

- 3 种尺寸的柳桉板 x 共 5
- 造型螺丝 x22
- 圆头自攻螺丝 x16
- 水性涂料 1（白色）x 适量
- 水性涂料 2（黑色）x 适量
- 模绘板 x 适量
- 滑轮 x4
- 长螺丝 x2
- 2 种螺母 x4 组

HOW TO MAKE 制作方法

1. 将3种尺寸的柳桉板组装成箱型，并用造型螺丝固定。用电钻开孔，使得长螺丝能穿过。
2. 涂水性涂料1，晾干后用水性涂料2和模绘板画英文字母。
3. 用圆头自攻螺丝给底面四角安装滑轮。用长螺丝穿过1开的孔，并用螺母固定。

长螺丝的下方空间

收纳盒兼边几

【高级 DIY ③】教学者

味子

URL https://www.instagram.com/_ajiko_/

Let's try!

安装架子让厨房更加方便使用

有自己喜欢的家具时，做家务的欲望大大提升！

味子的DIY首秀是厨房架。因为没买到自己喜欢的设计和尺寸的厨房架，所以她就自己做了一个。

“能做出世界上唯一的原创DIY作品让我非常激动。DIY作品可以在之后进行改造，也可以跟小孩子一起涂漆或进行简单改装。当家居装饰变成自己喜欢的模样时，那些我不喜欢的家务活做起来也变得很轻松。”

我喜欢让生活更加方便的架子

家里变成了旧物风格

味子

可以放置或挂住铁丝网架来进行收纳。厨房架空间很大，可以按自己的喜好进行摆设。

双层厨房架

材料

- SPF 木材（柱子）x2
- 蜡（Clear）x 适量
- L 型五金铁片 x4
- 钉子 x 适量
- 木螺丝 x 适量

HOW TO MAKE 制作方法

1 清洗踏脚板，晾干后涂蜡。

2 确定架子放置地点，用钉子把长SPF木材的左右两端钉在墙上。用木螺丝安装L型五金铁片做成固定件，并将1置于其上。

安装在厨房背面

Let's try!

让门焕然一新

这是厕所门的内侧，贴上墙纸之后，心情也会变好。

味子

门改装①

材料

- 壁纸（木材边角料）x 适量
- 胶合板 x 适量
- 木踏板 x 适量
- 木材专用涂料（打底、WATCO OIL）x 适量
- 水性涂料（白色或冰灰色）x 适量
- 强力双面胶
- 砂纸 x1

HOW TO MAKE 制作方法

1 首先在门的内侧贴壁纸（上方图片）。

2 用强力双面胶将胶合板和木踏板直接随机贴在门的外侧，做出立体感（右侧图片）。贴好后，涂木材专用涂料和水性涂料。

3 完成后用砂纸打磨，打造破旧感。

给门的外侧打造立体感

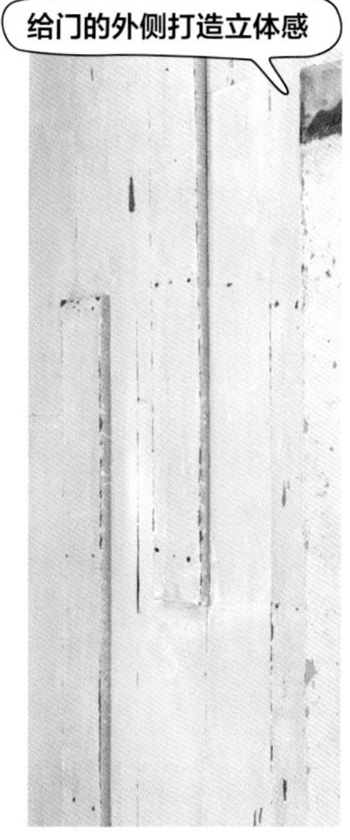

门改装②

材料

- 2种尺寸的方材 x 共4
- 细方材 x 适量
- 细螺丝 x 适量
- 腻子 x 适量
- 水性涂料1（灰白色）x 适量
- 水性涂料2（灰色）x 适量
- 水性涂料3（黑色）x 适量
- 易撕纸胶带 x 适量
- 薄坯子（有透明感）x 适量

HOW TO MAKE 制作方法

1 根据门的尺寸将2种尺寸的方材组合成四边形的框，用木工胶水固定并晾干后再用细螺丝固定，安装于门上。

2 用细方材在1的框内拼出复古花纹，并用木工胶水和细螺丝进行固定，用腻子填充空隙。

3 用刷子按水性涂料1、2的顺序涂抹，并在其上涂抹水性涂料3。3不用刷子，而是用布随意涂抹，留下刷痕，做出复古感。在涂抹时，可以贴上易撕纸胶带，这样就不用担心涂料溅得到处都是了。最后在复古花纹的空白部分贴薄坯子，注意不要有褶皱。

白色部分是粘贴的坯子

这是厨房门，给厨房门的上半部分加上花纹的这项改造非常开心。

味子

Let's try!

用板墙改变家里的形象

味子

梯子加板墙打造出旧物风格，放在这里刚刚好。

做旧板墙①

材料

- 边角料（自己涂饰）x 适量
- 边角料（剩余的或店里便宜卖的边角料）x 适量
- 小帽钉（细钉子）x 适量

HOW TO MAKE 制作方法

1 将长度和颜色不同的边角料组合，并进行设计。

2 确定好设计后，用强力双面胶贴在墙上，并用小帽钉（小钉子）进行固定。

详细制作方法请看第96页

与板墙搭配的装饰梯子

材料

- 4 种尺寸的方木条 x 共 30
- 网格 x3
- 木螺丝 x20
- 水性涂料 1（墨绿）x 适量
- 水性涂料 2（灰白色）x 适量
- 砂纸 x1
- 蜡（BRIWAX）x 适量
- L 型挂钩 x1

因为这是我们家的自住房，所以我可以随便改造，我把装饰梯子放在了这面墙上。

味子

在框架重叠的地方夹住网格

HOW TO MAKE 制作方法

1 用2种尺寸的方木条和木螺丝制作6个框架。每两个框一组将网格夹在中间，并用木工胶水固定（将网格夹住从背面看起来也很整洁）。将剩下2种尺寸的方木条一起组装成梯子形。

2 用刷子涂水性涂料1并晾干，然后可以随意地涂水性涂料2并晾干。用砂纸打磨到微微掉漆，在其上涂蜡。

3 将L型挂钩安装在墙上并挂住梯子主体，防止其倾倒。

做旧板墙②

材料

胶合板（底板）x1	边角料（剩余的或店里便宜卖的边角料）x 适量
SPF 木板（框架）x4	小帽钉（细钉子）x 适量
钉子 x 适量	

HOW TO MAKE 制作方法

1 将胶合板切成想要的尺寸，并当作底板。用SPF木板制作框架，并用钉子将其钉于底板上。
2 像拼图一样在框架内的空洞部分摆放边角料，并用强力双面胶粘贴。
3 用双面胶将成品贴在墙上，并用小帽钉（细钉子）进行固定。

可以在粘胶合板前先把纸胶带粘于整个墙面，这样就能轻松恢复原状了。
味子

卫浴变成了旧物风！

用砂纸打磨并能磨掉涂漆的窍门在于故意磨瓷砖角，使表面磨损！
味子

木纹瓷砖板墙

材料

胶合板 x1	水性涂料（灰白）x 适量
木纹瓷砖 x 适量	蜡（BRYWAX）x 适量
木材专用涂料（打底、WATCO OIL）x 适量	砂纸 x1
	小帽钉（细钉子）x 适量

HOW TO MAKE 制作方法

1 将胶合板切成想要的尺寸，并当作底板。将木纹瓷砖排列成不规则形状，并用木工胶水粘贴。等木工胶水晾干后将两端多出来的部分切掉，用砂纸打磨截面使其光滑。
2 给整体重复涂2~3次木材专用涂料。完全晾干后，涂一层厚厚的水性涂料（尽量不要涂瓷砖之间的缝隙）。晾干后用砂纸打磨至磨掉涂漆，之后涂一层薄薄的蜡，做出旧物风。
3 用双面胶将成品贴于墙壁，并用小帽钉（细钉子）固定。

应用于DIY&改造

“正确测量”是成功的捷径

如果测量不准，可能造成放不进去或成品歪斜，总之十分不美观。

测量工具有量尺（卷尺）、直角尺（L型板尺）、水平仪这三件就够了。

坂井清美说：“如果量尺的尺带为布或塑料材质，则容易松弛变形，测量时可能造成误差，所以我推荐大家选择金属材质的尺子。”坂井清美还说：“如果待测物尺寸较长，无法一次性测量，可以用纸胶带在中间做标记，最后计算总和即可。”

直角尺和水平仪也是能防止倾斜的实用工具。

量尺是测量长度时不可或缺的工具。虽然也有塑料等材质的量尺，但测量内饰尺寸，我推荐大家选择金属材质。

卷尺

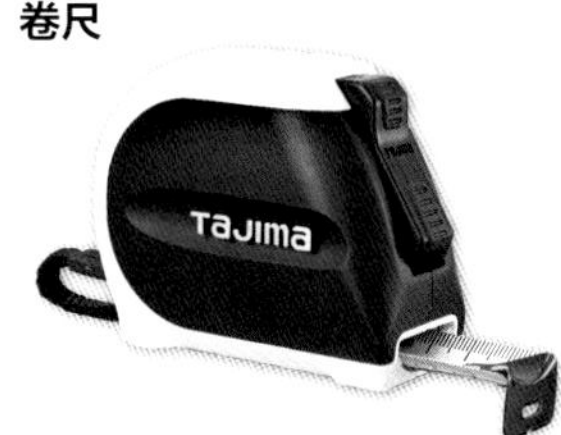

轻薄结实和自动锁定功能

该卷尺为轻薄结实的金属材质，即使拉出很长也不会弯曲变形，能准确测量尺寸。通过自动锁定功能，能使抽出的尺带固定在原位置。也可以保持测量姿势不变，在板子等物体上做记号。◎重360g、尺带宽25mm×长5.5m。

高处的测量方法

①一边从下方开始测量一边贴纸胶带

将量尺尺带的顶端置于地面，并向上拉，在合适的刻度处贴上纸胶带。

②测量上方，计算总和

测量从天花板（或待测物最上方）到纸胶带的距离，并与①测量的长度相加得到总长。

量 切 打 等

基础工具及使用

第一次操作也可以放心

为我们制作了第18~33页中物品的软装设计师——坂井清美将为大家介绍DIY&改造时所需工具的基础知识。将分为“量”“切”“打”三个部分进行介绍。通过本章学习，大家将会知晓、选择、熟练使用各种实用的小工具。

直角尺（L型板尺）

当你想垂直或平行地打钉、给打钉处做标记或画线时可以使用L型金属直角尺，其也叫曲尺。

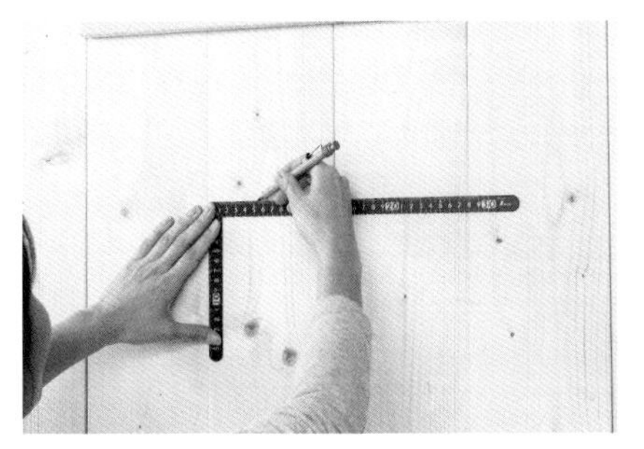

比如将直角尺短边与木板的纵线对齐，这样就能确认水平位置，不用担心歪斜了。

亲和测定
小型直角尺
30cm×15cm正反同白色刻度

用于垂直、水平作业！不仅是用于测量的实用尺子

正反两面均有显眼刻度的小型直角尺不仅可以测量垂直位置和尺寸，也可以在垂直剪裁纸类时使用。◎尺寸：30cm×15cm。

水平仪

用水平仪一眼就能看出搁板等是否倾斜。物品越大越要防止倾斜。

将水平仪放在要测量水平的物品上，并确认玻璃管内气泡的位置，气泡位置处于中心则水平。气泡靠近左右其中一侧则表示倾斜，需进行调整，使其水平。

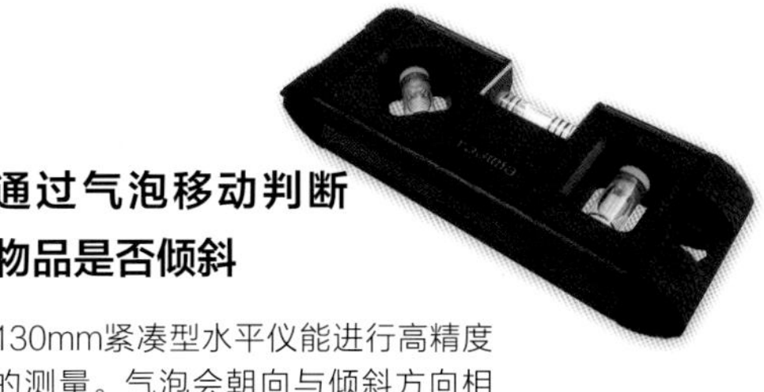

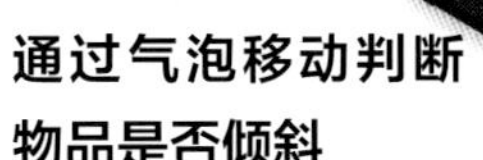

通过气泡移动判断物品是否倾斜

130mm紧凑型水平仪能进行高精度的测量。气泡会朝向与倾斜方向相反的方向移动。其也能测量垂直或45°，受到建筑行业人士喜爱。

切割薄片或木材等

结实耐用、切口整齐、质量好的工具

根据不同的待切物，“切割”工具也大不相同。因为切割工具会影响作业效率，所以我推荐大家选择结实耐用、切口整齐、质量好的工具。

对于经常被作为装饰素材使用的木材，坂井清美说：“如果仅是切割的话，一般的锯子就足够了，但在切曲线或较细的部分时，就需要钢丝锯了。而且拉锯是个体力活，所以既是电动的又能自由切割木材的曲线锯非常方便。”如果你真的想开始DIY的话，可以考虑买一个曲线锯。

剪刀

剪刀也分很多种，不仅有剪纸的，还有剪塑料或铁板的工业专用剪刀。

可以利用刃根部的凹槽剪断钢丝网等。

小身材大剪裁能力

这是一款紧凑且高性能的不锈钢剪刀。用来剪硬物的夹头和刃经特殊处理，能剪断铜或铝薄板、皮革、细钢丝、塑料板等。锯齿状的刃片可以轻松剪断塑料板等十分光滑的物品。◎全长142mm、重62g。

美工刀

美工刀不仅可以切纸，将刀片收回后，其外壳的前端也可以当螺丝刀使用。

能拧螺丝也能开罐

刀口经过“先端烧爪”特殊处理，坚固结实。另外，美工刀主体的强度是普通文房用具美工刀的3.5倍，所以可以用美工刀主体前端来拧螺丝或开涂料罐等，当作螺丝刀使用。◎商品尺寸：长167mm×宽40mm×厚22mm、重99g。

锯子

根据被切割物的材质，锯刃可以有多种选择。我推荐新手选择锯刃形状通用性较高的“万能目”。

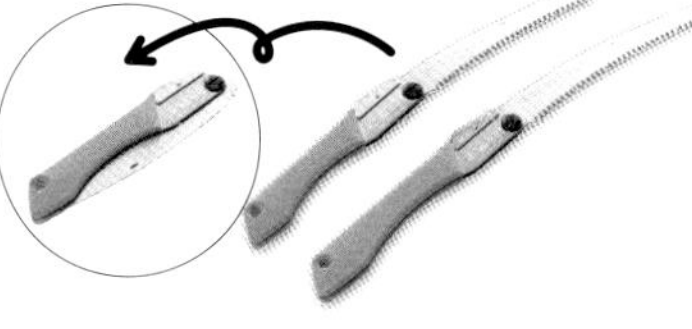

第一次也可以放心使用 切割顺畅方便

大圆弧状使得切割更加轻松，没用过锯子的人也可以快速切割，且截面光滑。整体为折叠式，触碰按钮即可开关，非常安全。◎锯条长有210mm和240mm两种。

切割大件木材时，可以将腿放在木材上保持其稳定，这样也方便发力。

锯子的使用方法

①画线

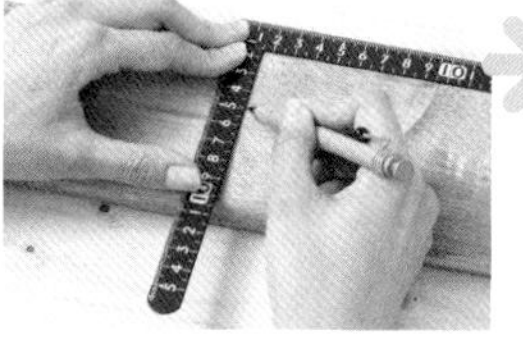

使用直角尺给要切割的部分画线。

②用手扶住

用不拿锯子的手扶住板子，防止其移动，并不断推拉锯子。

③找角度切断

锯子和木材之间的角度最好为30°左右。若使用锯条进行切割，则回拉时需用力。

牧田
充电式曲线锯

曲线锯

曲线锯不仅能进行简单切割，还可以用宽度较窄的锯条在切割过程中改变方向，因此可以进行较细的加工。另外，用电锯自己不用费力。

高速、顺畅地切割曲线

使一种叫作叶片的细锯条电动上下往复运动，来切割木材。因叶片很细，所以可以一边切一边改变方向。除了可以切成曲线，也可以切成圆形或星星形状等。◎附带电池、充电器和包装盒。

将要切割的木材置于台子上，不拿曲线锯的手和单侧膝盖放在木材上进行固定，将曲线锯慢慢往前推进行切割。

曲线锯的使用方法

①放入锯条

确认拔杆处于解除位置，将锯条朝向曲线锯外侧并插入其中。若要更换锯条，则注意先拆下电池再进行更换，防止发生安全事故。

②解锁

图片中，右手大拇指按下待机按钮以解锁。若出现两次闪光则表示解锁成功。

③提拉拔杆

握住黑色拨杆部分，用力提拉即可启动，使锯条上下移动，手松开则锯条停止运动。

弓形锯（金属锯）

这一款锯子适合DIY高手，能切割金属。从形状上来说叫“弓形锯”，从用途上来说叫“金属锯”。

雷诺克斯
高强度钢锯架&双金属带锯条

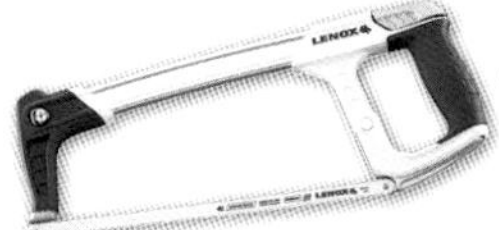

用力推来切割金属

用力推弓形锯即可快速切割金属。商品名称中的钢锯架指的是弓形锯，雷诺克斯是专门从事锯子生产制造的美国制造商。锯条采用雷诺克斯研发的双金属结构，特点为不易弯折、不易豁口。

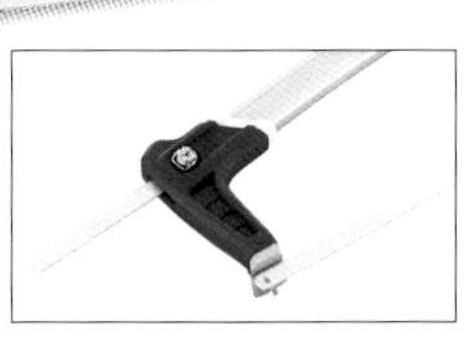

替换锯条收纳于弓形锯主体架内。当锯条折断、出现豁口或磨损时，从架子前端将其取出并进行替换。

可以防受伤、耐脏的物品

下面为大家介绍几件可以防止作业时受伤或弄脏衣服的物品。

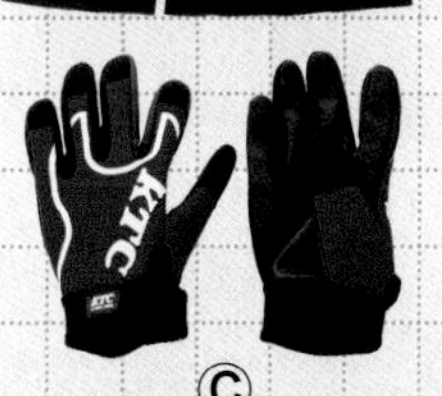

KTC（京都机械工具）
Ⓐ短围裙　**Ⓒ硅皮革手套**
Ⓑ围裙　**Ⓓ硅胶托盘**

日本顶级工具制造商的特色商品

Ⓐ短围裙和Ⓑ围裙均开衩，活动方便。大容量口袋里可以装各种工具。Ⓒ手套在整个手掌采用有机硅皮革，非常跟手，可以进行比较细致的作业。尺寸有S~LL。Ⓓ硅胶托盘，可以用来放置钉子、木螺丝等细小的零件或工具等。

根据不同用途螺丝刀也有很多种类

打钉子或螺丝的锤子（榔头）以及螺丝刀均为DIY的必需品。拥有一个好握、好使的工具可以提高作业效率。

坂井清美说：“如果有不同型号的螺丝刀，许多很窄的地方也能用得上，制作小物件时非常方便。如果是尺寸较大的架子或墙板等，用电钻比较方便，也能节省时间。”

这里为大家介绍锤子、电钻等各种工具的使用方法。

锤子（榔头）

锤子为捶打工具，最好选择好握、好打、结实的款式，这里为大家介绍一款兼具以上优点且手不易疲劳的锤子。

PB SWISS TOOLS
无反弹铜锤（玻璃纤维）

不会产生反冲力却能锤得很深

这是一款在往硬木材里打钉时不会向手掌产生反冲力，却能将钉子钉得很深的锤子。锤子击打部分即锤头内置弹簧销，该弹簧销会在击打瞬间向击打面的方向移动，从而消除击打的反冲力。◎重418g。

用大拇指、食指、中指拿住钉子，并垂直打入。如果钉子较短，则可以用钳子夹住再打。

螺丝刀

螺丝刀可以用来拧紧或拆下螺丝，除了一字头和十字头的区别，有一款螺丝刀能在尽量自然的动作和状态下进行作业。

PB SWISS TOOLS
（上）瑞士握柄一字螺丝刀
（下）瑞士握柄十字螺丝刀

易操作的精品螺丝刀

这款螺丝刀的特征之一在于其形状设计能使得人在自然的动作和状态下进行操作。握柄由两种新材质制成，表面结构特殊，用湿手握也不会打滑，就算不小心沾上了油或汽油等，也能轻松洗掉。另外，与螺丝接触的前端部分的材质与轴的材质不同，这也是其方便好用的原因之一。

扳手

L型扳手可以用来转动六角形的螺丝。与螺丝刀相比，扳手用面固定螺丝，因此所需力气较小。

PB SWISS TOOLS
球头彩虹扳手套装

长柄的头部为球状，由此可以从斜角（30°左右）插入扳手，转动螺丝。

可以在较窄的地方进行作业也可以斜着进行作业

直径1.5~10mm、六角形球头大小不同的9个扳手为一个套装，色彩鲜艳，非常可爱。将短柄六角形垂直放在螺丝上，一边支撑一边旋转长柄就能拧紧螺丝了。六角形的角经倒角处理以易于进入球头的槽内。另外，长柄的头部为球状，在倾斜状态下也能拧紧螺丝。

打螺丝的方法

①画标记

在打入螺丝时，先在要打的地方画一个记号，可以防止打偏。

②用锥子开孔

在打螺丝前先用锥子开一个孔，这样螺丝能顺利地打进去。

③敲打

在打螺丝时，时刻记住要“一边按一边转”。

电钻

电钻可以用于打螺丝时提前开孔、钉螺丝、拔螺丝，只要有一个电钻就能节省很多精力，也能节省时间。

牧田
充电式冲击扳手

可以打长螺丝也可以使用于大家具

冲击扳手通过旋转打击实现坚固、高效的作业。即使木材很厚，也能通过边旋转边打击的方式高效拧紧螺丝。不管是木质外阳台或床等大型家具的DIY还是打长螺丝，完全毫不费力。将钻头换成钻子就能打孔，实用性非常高。打击模式分高、中、低（自动控制）三档。◎附带2块电池、充电器、包装盒。

可在柔软材质上打螺丝

这款电钻搭载了离合功能，能调整拧紧强度，这样就不用担心材料破损、螺旋槽磨平了。因此，其也适合向软木材打钉及小物的DIY。离合分18级，并有2种模式可以切换。◎附带2块电池、充电器、包装盒。

牧田
充电式电钻

钻头的安装方法

①拉出套管

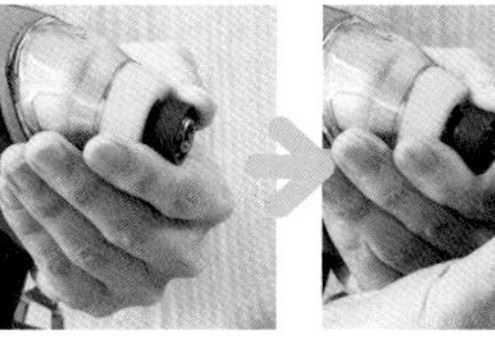

挤压黑色套管使其拉出。

②插入钻头

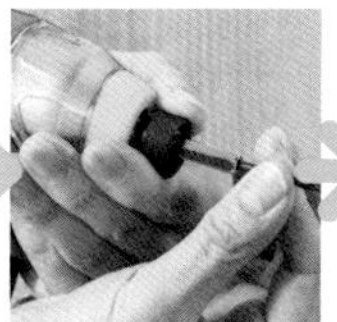

保持套管拉出的姿势，插入钻头。

③松开套管

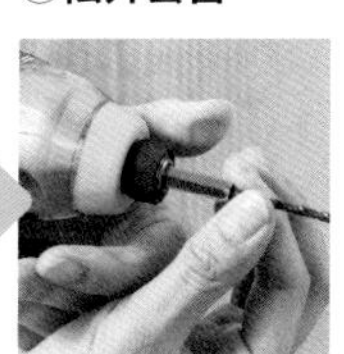

松开套管，钻头得以固定。

切换旋转模式的方法

①从右侧按压拨杆则顺时针旋转

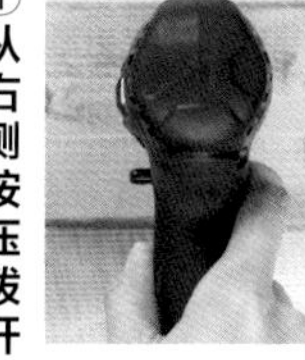

从右侧按压开关后侧的“旋转模式切换拨杆”，则变成顺时针旋转，该模式用于打螺丝。

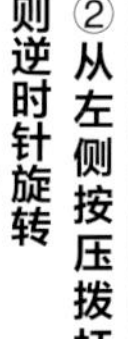

②从左侧按压拨杆则逆时针旋转

从左侧按压拨杆，则变成逆时针旋转，该模式用于拔螺丝。当拨杆位于中间时，无法按开关。

打螺丝的方法

①打孔

将钻头换成钻子，并垂直置于打螺丝的地方，打孔。

POINT

提前确认螺丝是否会穿透木板，可以在木板下面放一个底板，以防万一。

（左侧图片）使钻子顺时针旋转来开孔，（右侧图片）逆时针旋转来拔出钻子。

②将螺丝插入孔内

换成电钻头，将木螺丝插入孔内。

③按开关

使“旋转模式切换拨杆”拨动至顺时针旋转，打开开关开始打钉。如果有打击力切换按钮，则可根据作业情况切换螺丝的长度或打击强度。

④感觉变歪则关闭开关

如果螺丝歪了则关闭开关，停止旋转。

⑤最后用手钉

螺丝头与木材板面完全一致则打钉完成。如果拧的时间过长，可能导致螺丝断裂，因此最后最好用螺丝刀手动拧紧。

※以上讲解均以充电式冲击扳手为例。

能打各种螺丝
狭窄的地方也能打钉
十分便利的螺丝刀

棘轮短螺丝刀体积很小，还能更换不同形状和尺寸的钻头，从而能在狭窄的地方打钉。棘轮指的是只向固定方向运动，转头的旋转方向可以通过切换转轮等从“拧紧”“固定”“拆卸”这三种中选择。钻头部分独立运动，因此其会一直朝一个方向转动，无须倒手，这也是其方便操作的一个特点。下面为大家介绍两款螺丝刀。

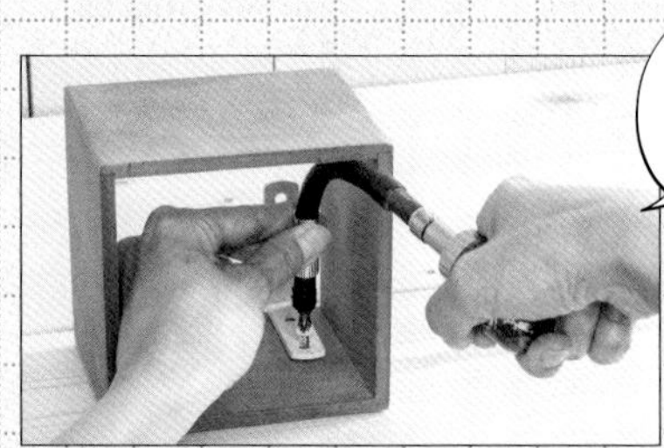

可以弯折使用

使用软轴则能弯折使用，可以在任意位置打钉。

狭窄的地方也能打钉

在钻头和手柄之间安装柔性轴（全长165mm），则可以在非常狭窄的地方打钉。另附大小尺寸不同的一字和十字钻头。

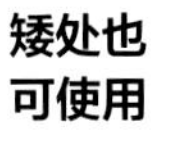

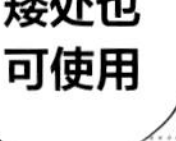

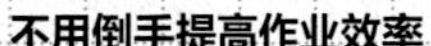

VESSEL

棘轮短螺丝刀（带软轴）

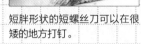

矮处也可使用

短胖形状的短螺丝刀可以在很矮的地方打钉。

不用倒手提高作业效率

搭载棘轮功能，能切换旋转方向，使手柄前方的交换圈向右旋转即为“拧紧”，向左旋转即为“拆卸”，这样不用倒手就能操作，尤其在狭窄的地方能发挥很大作用。钻头共6个，分别是一大一小十字头和3~6mm的4种尺寸的六角形钻头。

KTC

棘轮短螺丝刀

能抓、切、折的工具

适合微调等细致的作业

坂井清美说："钳子和斜口钳可以用来拔一些难拔的钉子，还可以用来掰弯铁网或进行剪切，非常方便。"这里为大家介绍三种能抓、切、折的工具。

老虎钳和钳子的区别在于老虎钳能调整开口，而钳子的开口固定。用钳子能进行一些细致的作业，比如辅助打钉和捏铁丝等，但是抓一些较宽的东西或掰弯较硬的东西时就要用到老虎钳了。

钳子

钳子可以抓、切、折、拉铁丝等硬物，是一个比较主流的工具。

FUJIYA
收音机钳子

可用于组装或维修精密仪器等

前端较细可以夹住细小零件。可以用于收音机维修等电工作业或用来切、折、拧、夹住铜线，所以叫作收音机钳子。其适合小物件的比较细致的作业，前端凹凸不平，从而能结实地抓住物品，可以使较硬物品弯折或拔出比较顽固的钉子。◎长150mm、重120g。

切

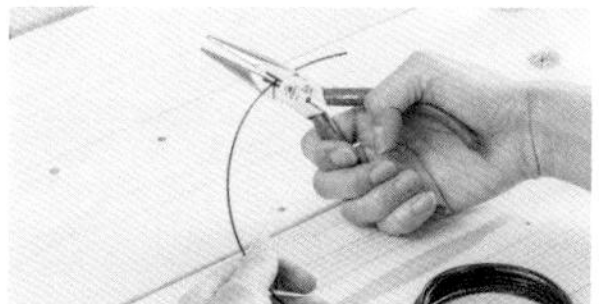

用凹陷的部分剪断电线，也可以调整力度只剪断覆盖电线的塑封。

抓

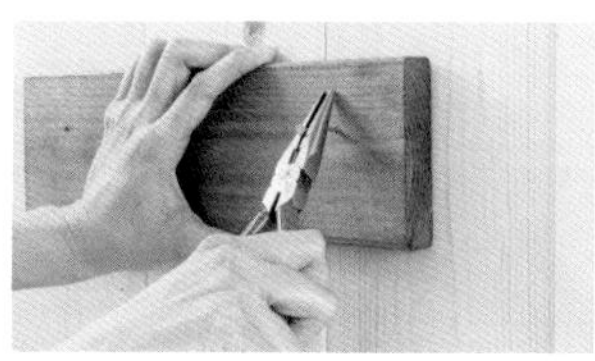

前端凹凸不平，由此可以拔出铁钉，不会打滑。

折

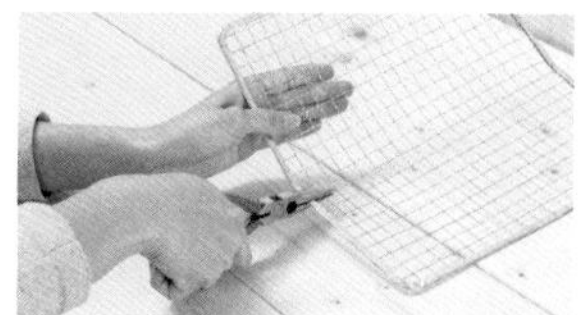

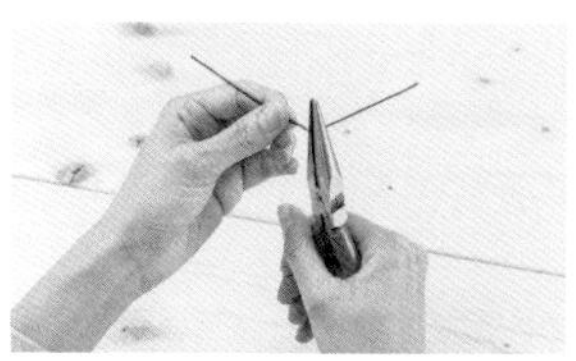

凹凸不平的前端可以结实地抓住光滑物，另一只手用力即可使铁网或较粗的铁丝弯折。

老虎钳

使连接处滑动即可调整开口大小，便能夹住或抓住又大又粗的物品。

TONE
组合细老虎钳（专业握柄型）

根据物品大小调整开口

移动连接部分的支点来调整开口，开口能调整成两种大小。这款老虎钳能抓、转、切，前端很瘦，所以能在较窄的地方进行作业。另外，不用很大力气就能将物品剪断。

斜口钳

斜口钳是在电工作业或修理家电时为剪切电线、制作塑胶模型而经常使用的工具，其最大的作用就是剪切。

FUJIYA
标准斜口钳150mm 圆钳口

可用于精密仪器的作业的万能斜口钳

这款斜口钳适用于剪断电器或精密仪器等的铁线、铜线及电线。钳口为圆形，因此能顺畅地剪断待剪物。剪断的标准为：铁线直径1.6mm、铜线直径2.6mm，其也可用于剪切铁网。◎长150mm、重115g。

架子、板墙和小物品DIY时使用的

涂漆、模绘、剪贴工艺的基础

如果你想让DIY作品与房间氛围更搭或想打造出原创感，这时就需要涂漆、模绘、剪贴工艺出场了。记住步骤之后开始挑战吧！

木材（木踏板）涂漆

1 POINT 用砂纸打磨便于涂抹涂料

将砂纸卷在木片上，并用其打磨待涂漆的木材。

为了使涂料更易吸附于木材而用砂纸打磨表面和角落部分。

2 POINT 可以用盒子和保鲜膜装涂料

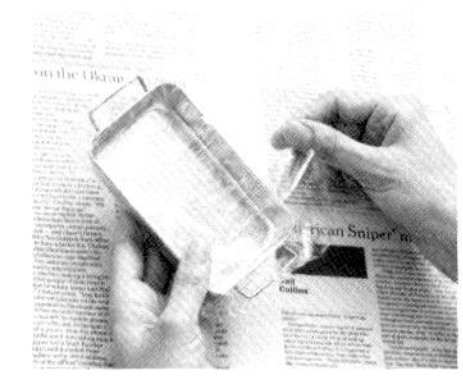

给木踏板等木材刷涂料时，最适合的涂料是水性涂料、丙烯颜料、清漆以及蜡等。如果需要换装到盒子里，则可以将其装在提前铺好保鲜膜的盒子里，用完后将保鲜膜扔掉即可。

3 POINT 不涂漆的地方贴纸胶带

涂漆时涂料经常会溢出到别处，可以给不想涂漆的部分贴上纸胶带，等涂料晾干后将其撕掉即可。

铁材（铁网）涂漆

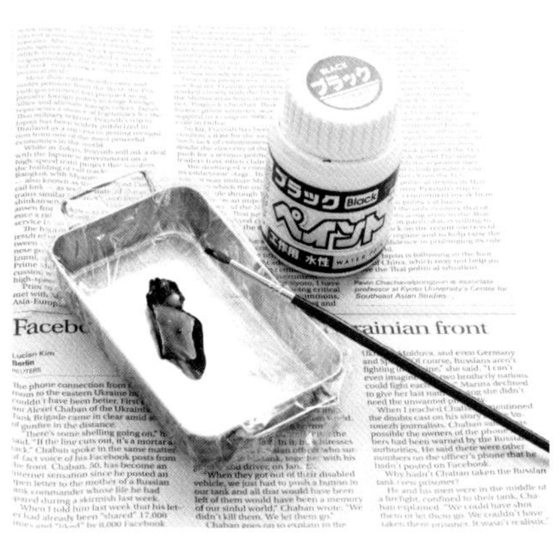

1 POINT 准备自己喜欢的颜色的丙烯颜料和涂料

2 POINT 笔尖越细越易涂抹

可以从小商品店卖的丙烯颜料或涂料中选择自己喜欢的颜色。涂抹时，与木材（木踏板）一样，可以使用盒子和保鲜膜装涂料。使用笔尖较细的画笔能较好地涂抹细节部分。

4 POINT 可用海绵代替刷子或画笔

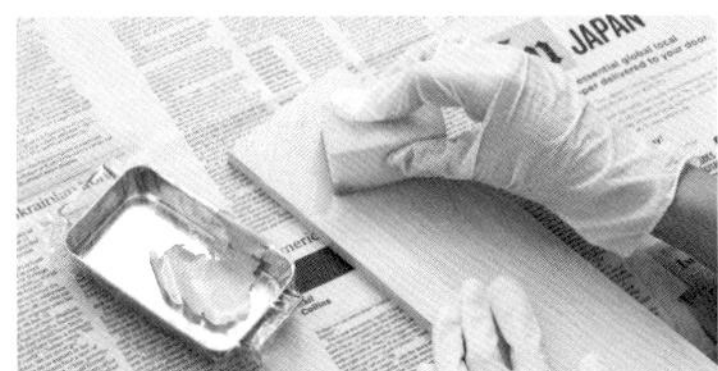

可用海绵涂漆，可以多涂几层，直至表面均匀光滑。涂漆面积较大时使用海绵比较方便。

附加小技巧

打造出旧物风

如果你想给涂完漆的物品打造出旧物风，则需要：①准备涂料和画笔；②用画笔蘸取涂料，并将其涂抹于报纸等上，直至出现干枯裂纹；③给角落部分等易脏的地方涂漆，才能打造出真实的旧物感，④轻涂4~5次即可。

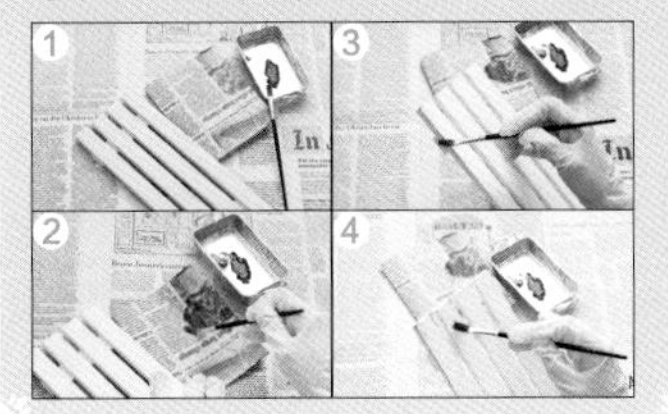

涂抹步骤

①捋刷子

用刷子或画笔涂漆时，一定要捋刷子至涂料不滴落。如果不好涂，就用水稀释（水性涂料）。

②顺序涂抹 从小的地方开始按

从角落或面积小的地方开始按顺序涂抹。

③可以从左侧开始涂抹

如果是右利手则从左侧，如果是左利手则从右侧开始涂，能防止手腕弄脏。

④涂2~3次

涂完一次晾干后再涂第二次和第三次，成品就变得很漂亮，清漆也一样。

涂蜡步骤

①使用旧布

使用旧布涂蜡。

②印刷涂抹

从边缘沿着木纹像印刷一样涂抹。为防止自燃，用完的布蘸水后再扔。

附加小技巧

我把原来是银色并带腿的铁网涂成了黑色和蓝色的丙烯颜料混合而成的深蓝色。然后，为了打造出“生锈感”，我用海绵涂了一层与锈的颜色相近的涂料。

使用海绵打造生锈感

若想给涂完色的铁网加入生锈感，可以用海绵蘸取浓的“与锈色相近”的涂料，并轻轻按压于完全晾干后的铁网上。以易生锈的交叉部分为中心进行上色则成品更加真实。

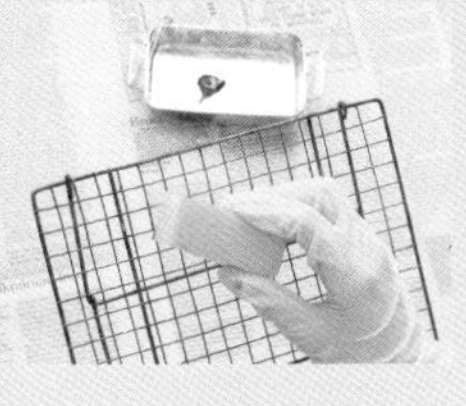

涂抹步骤

轻轻按压

在涂抹铁网等较细的物品时，可以用笔尖较细的画笔进行涂抹。如果像左侧图片一样直接涂抹，会发现涂不均匀。因此窍门在于用笔尖轻轻按压涂抹，这样着色效果明显，涂2~3次后成品会非常漂亮。

※ 在涂抹金属素材时，先用金属专用的底漆打底再涂漆，这样成品会非常漂亮。

铁材（铁网）涂漆

1 POINT 准备模绘板
除了画笔、海绵，也可以用印章油墨

小商品店里有许多模绘用品，大家可以试试在DIY作品里加入模绘元素。

有印章油墨就不需要涂料了，小商品店里就可以买到。

若使用画笔，则选择刷毛又硬又短的模绘专用笔。另外，也有模绘专用海绵。

按照制作步骤做出来的欢迎板，可以挂在玄关。

制作步骤

①防歪斜

模绘板一旦歪斜则无法修改，因此提前用纸胶带固定，防止歪斜。

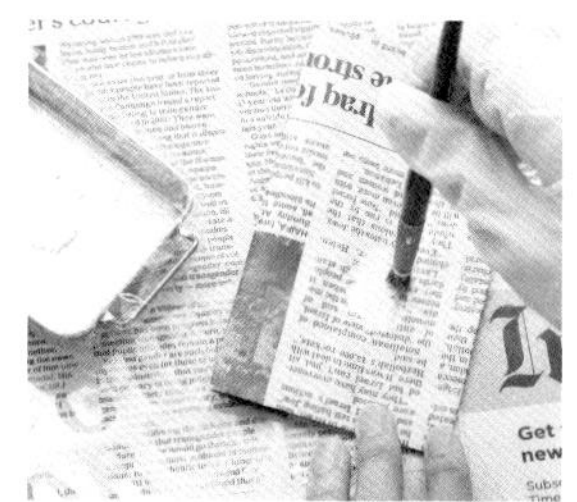

②挤涂料

使用模绘专用的画笔和水性涂料上色。涂料先用报纸等涂掉一部分，就有粗糙感了。

③轻轻按压

将画笔竖起，轻轻按压画出轮廓，这样更能打造出粗糙感。

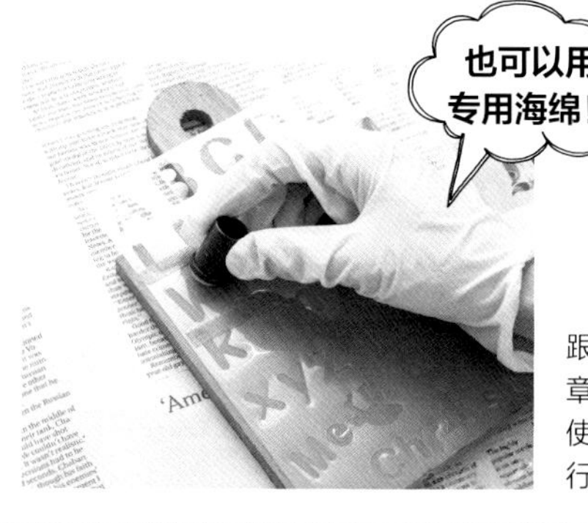

也可以用专用海绵！

跟画笔一样，专用海绵和印章油墨均轻轻按压涂抹。若使用印章油墨则利用角部进行点涂。

也可以用印章油墨！

附加小技巧

1 使用复写纸打造模绘风

没有模绘板也没关系，如果杂志等资料里有自己喜欢的素材，可以将该页复制。只要有复写纸和笔就能打造出模绘风的设计。

①

准备复写纸和自己喜欢的素材的复印件。

②

将复写纸铺在对象物（图片中是笔记本）上，用纸胶带固定，防止复印素材歪斜。

③

用圆珠笔涂写复印的设计，关键点在于先描轮廓后涂空。

④

模绘风的原创设计就完成啦！

2 使用转印纸和美工刀打造模绘风

可以使用转印纸和美工刀打造出模绘风，操作比使用模绘板简单。

①

给对象物（图片中是木板）贴上自己喜欢的转印纸，并用美工刀的刀尖刻画出粗糙感。

②

仅通过这两步就能打造出模绘风。

剪贴工艺

1 POINT 准备剪贴液和纸巾

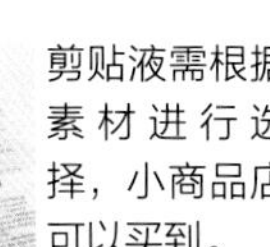

剪贴液需根据素材进行选择，小商品店可以买到。

将纸巾撕成只剩一片。

2 POINT 如果贴在布料上则需注意液体渗透问题

如果要剪贴在布料上，液体可能会渗透蹭到布料上，因此铺上一层文件夹来防止渗透。

涂抹方法

①用刷子涂抹液体

用刷子或画笔涂一层厚厚的剪贴液。如果是木材，则要顺着纹路涂。

②贴纸巾

用手指慢慢从上到下贴纸巾，排出其中空气。

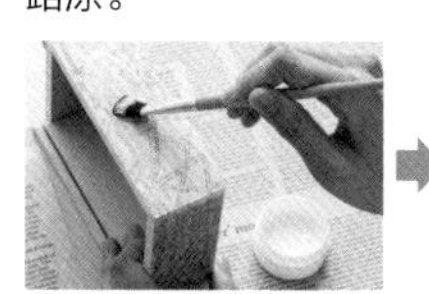

③涂抹

纸巾贴好后，再次涂一层剪贴液。涂的层数越多越持久，也越有光泽。

使用剪贴工艺可以轻松地制作出用自己喜欢的纸搭配的展示盒。

用绿色装饰房间一角！

DIY 绿植的“治愈”小空间

如果你觉得房间有点空，那么我推荐大家摆设几个使用了迷你绿植的DIY小物。

GREEN ITEM1

磁力罐和彩石的彩色绿植

将作为隔断收纳的书挡打造成装饰品

彩色的沙子（彩砂）和绿色组合起来非常鲜艳，可以使房间瞬间明亮。安装于书挡上端的是用美工刀切割带盖子的丙烯板制成的磁力罐。我买了3种颜色彩砂并将多肉植物种在了其中。瓶子里也一样，放入彩砂并种上多肉植物和仙人掌，做成迷你景观绿植。另外，也可以加入铁皮盒和木箱等增添亮点。

使用物品

* 磁力罐
* 书挡
* 铁皮盒
* 瓶子×3
* 彩砂×3种

GREEN ITEM2

铁丝网绿植架

通过指示牌的放置方法来改变氛围和耐用性

用底面带腿、背面为正方形、侧面和上层底面为长方形（3片）共5片铁丝网组装成该绿植架，用铁丝固定铁丝网，然后放置2块指示牌。指示牌可以竖着放，也可以横着放，可自由组合。若放置较重的花盆，可以将指示牌铺放在底面，以增加耐用性和稳定性。

* 带腿铁丝网
* 铁丝网（长方形）×3
* 铁丝网（正方形）
* 指示牌×2

上下两层的指示牌均立起，适合放置较轻的小绿植。

上下两层的指示牌均横放。适合放置矮且重的花盆。

制作报纸、杂志的临时放置盒

报纸和杂志等纸类如果直接放在沙发或桌子上，看起来总是乱糟糟的，这时就需要一个可以临时进行保管的物件。下面为大家介绍一款收纳筐，材料为在小商品店购买的铁丝网。

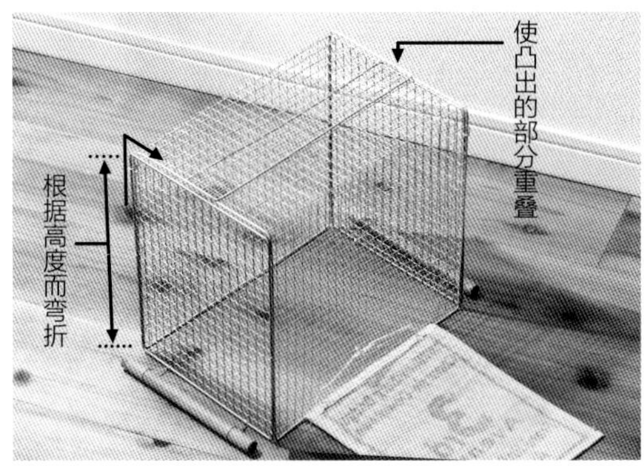

折成L型的铁丝网组装后的底部，根据抵在侧面的小铁丝网的短边来调整重叠部分，并用铁丝进行固定。

将铁丝网（大）折成L型由此组装成结实的架子

客厅里放一个杂志&报纸收纳架会非常方便。根据小铁丝网的长边来弯折大铁丝网的长边（弯折时可以使用钳子）。使2片弯折的L型铁丝网的L型的短边部分相对，小铁丝网抵在其侧面并调整宽度，分别用铁丝进行固定。底部铺上贴有转印纸的黑板，用铁丝固定2个用作把手的圆棒，再用铁丝将4个滑轮固定于底面即可。

组装铁丝网后，在底面铺一个迷你黑板，在侧面放一个布质路牌。

使用物品

- 大铁丝网×2
- 小铁丝网×2
- 圆棒
- 布质路牌
- 黑板
- 转印纸
- 滑轮×4

DIY 自己喜欢的物品！

制作方法 & 购物清单

接下来将为大家介绍本书中介绍过的DIY创意的制作方法和组装方法。购买材料时，可以如下图所示，用剪刀沿虚线将材料和购物清单剪下来，直接拿去购买。

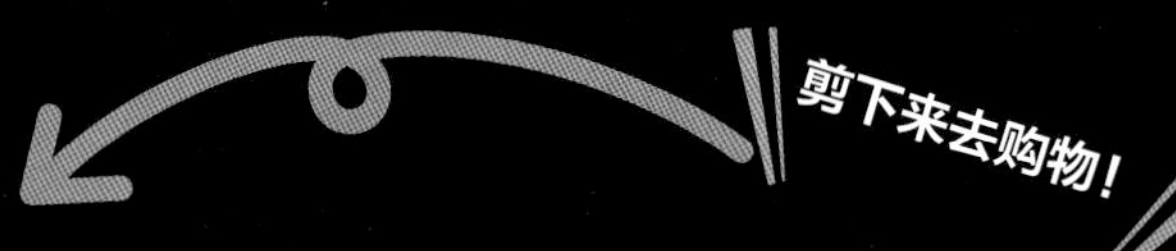

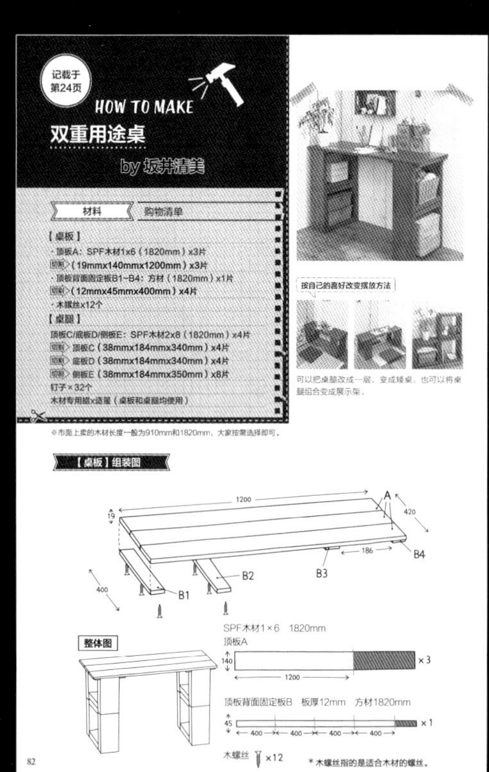

记载于第24页

HOW TO MAKE

双重用途桌

by 坂井清美

材料　购物清单

【桌板】

· 顶板A：SPF木材1x6（1820mm）x3片

切割＞（19mmx140mmx1200mm）x3片

· 顶板背面固定板B1~B4：方材（1820mm）x1片

切割＞（12mmx45mmx400mm）x4片

· 木螺丝x12个

【桌腿】

顶板C/底板D/侧板E：SPF木材2x8（1820mm）x4片

切割＞顶板C（38mmx184mmx340mm）x4片

切割＞底板D（38mmx184mmx340mm）x4片

切割＞侧板E（38mmx184mmx350mm）x8片

钉子×32个

木材专用蜡x适量（桌板和桌腿均使用）

※市面上卖的木材长度一般为910mm和1820mm，大家按需选择即可。

按自己的喜好改变摆放方法

可以把桌腿改成一层，变成矮桌，也可以将桌腿组合变成展示架。

【桌板】组装图

*木螺丝指的是适合木材的螺丝。

82

记载于第24页

HOW TO MAKE

双重用途桌

by 坂井清美

材料　购物清单

【桌板】

· 顶板A：SPF木材1x6（1820mm）x3片

切割＞（19mmx140mmx1200mm）x3片

· 顶板背面固定板B1~B4：方材（1820mm）x1片

切割＞（12mmx45mmx400mm）x4片

· 木螺丝x12个

【桌腿】

顶板C/底板D/侧板E：SPF木材2x8（1820mm）x4片

切割＞顶板C（38mmx184mmx340mm）x4片

切割＞底板D（38mmx184mmx340mm）x4片

切割＞侧板E（38mmx184mmx350mm）x8片

钉子×32个

木材专用蜡x适量（桌板和桌腿均使用）

※ 材料　购物清单中的（ ）里的数字表示所需木材的厚×宽×长。可以按购物清单上写的尺寸来进行切割。

按自己的喜好改变摆放方法

可以将桌腿改成一层，变成矮桌，也可以将桌腿组合变成展示架。

记载于第24页

HOW TO MAKE

双重用途桌

by 坂井清美

材料　购物清单

【桌板】

· 顶板A：SPF木材1×6（1820mm）×3片

切割（19mm×140mm×1200mm）×3片

· 顶板背面固定板B1~B4：方材（1820mm）×1片

切割（12mm×45mm×400mm）×4块

· 木螺丝×12个

【桌腿】

顶板C/底板D/侧板E：SPF木材2×8（1820mm）×4片

切割 顶板C（38mm×184mm×340mm）×4片

切割 底板D（38mm×184mm×340mm）×4片

切割 侧板E（38mm×184mm×350mm）×8片

钉子×32个

木材专用蜡×适量（桌板和桌腿均使用）

※市售木材长度一般为910mm和1820mm，大家按需选择即可。

【桌板】组装图

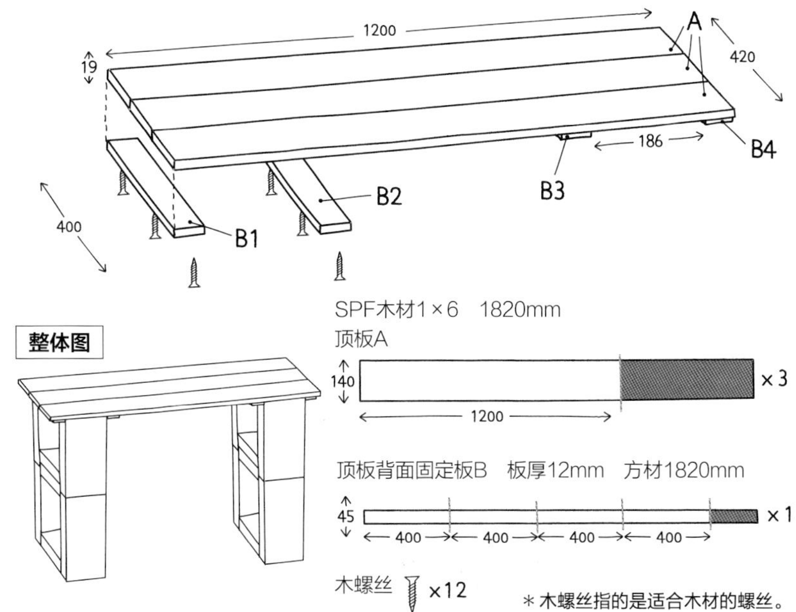

＊木螺丝指的是适合木材的螺丝。

制作方法

【桌板】

1. 切割、涂饰

①用锯子切割SPF木材和方材，准备3片A和4块B。
②使用旧布给A和B涂木材专用蜡。

2. 给放置位置画线

用铅笔在3片晾干的A的背面画出安装4块B的位置。B1和B2、B3和B4之间间隔186mm，以在其间安装桌腿。

3. 安装A和B

①用电钻给B打孔（木螺丝的安装位置，在3片A的大致中心位置开3处孔）。
②用电钻打木螺丝，以固定3片A和4块B。

【桌腿】

1. 切割、涂饰

①用曲线锯（若没有就让店家切割）切割用作左右桌腿的木板，使得上下层尺寸相同。
②使用旧布给切好的木材涂木材专用蜡。

2. 安装左右桌腿

①用胶水粘贴上层顶板C、底板D和2片侧板E，之后用钉子固定。底板D提高10mm再进行接合。
②用胶水粘贴下层顶板C、底板D和2片侧板E，之后用钉子固定。顶板C提高10mm再进行接合。
③将上下层的凹凸对齐并安装在一起。

3. 组装桌板和桌腿

将桌板放在左右桌腿上，并使左右桌腿插入桌板B1和B2以及B3和B4之间。

安装原理

将上层桌腿和下层桌腿做成凹凸状，这样就不用钉子或胶水了，只需组合在一起就能固定住。

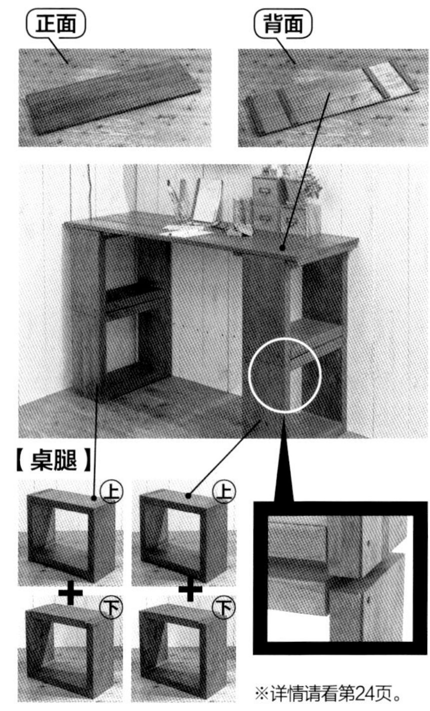

※详情请看第24页。

使用工具

- 锯子
- 电钻
- 涂蜡旧布
- 木工胶水
- 曲线锯
- 铅笔
- 锤子（榔头）

【桌腿】组装图

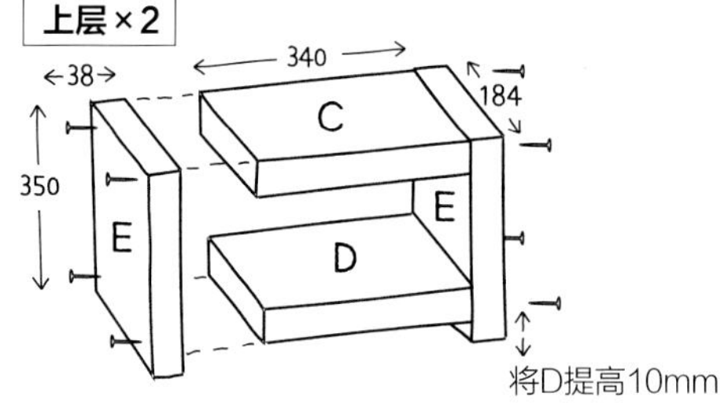

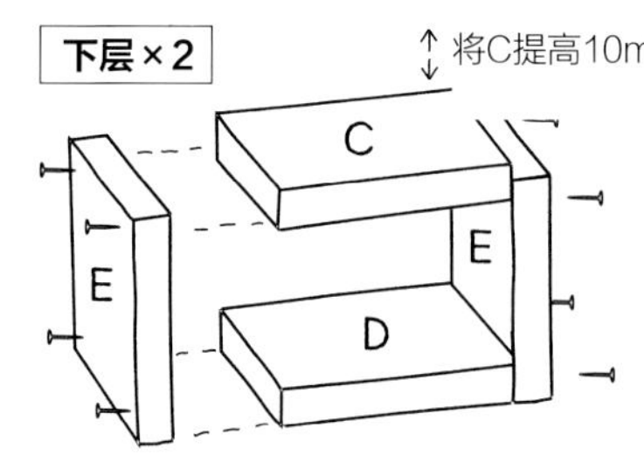

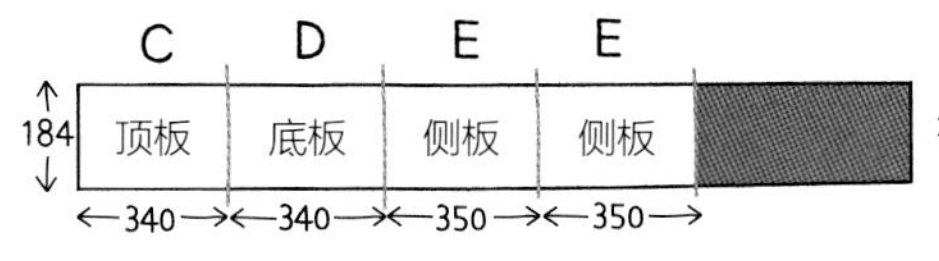

钉子 ×32

＊用胶水粘紧后再打钉。

桌腿截面图

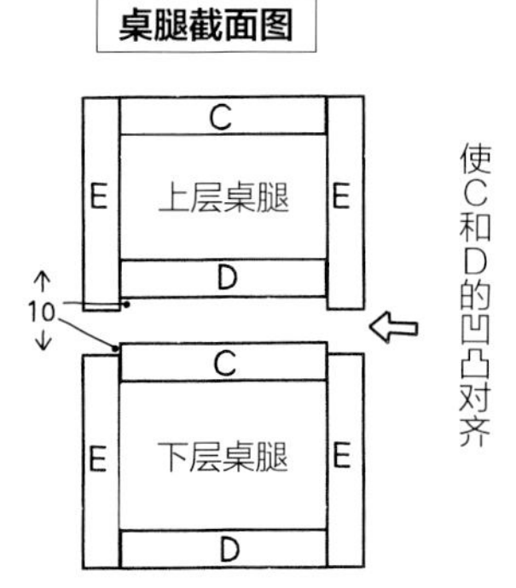

记载于第20页

HOW TO MAKE

自然风手工板墙

by 坂井清美

材料　购物清单

- 墙板A/A'/B：SPF木材1×6（2438mm）×13片
  - 切割 （19mm×140mm×2250mm）×13片
- 墙板C：SPF木材1×6（2438mm）
  - 切割 （19mm×140mm×1970mm）×6片

【衬板】

- 衬板a/b：SPF木材1×4（1820mm）×2片
  - 切割 a（19mm×89mm×560mm）×2片
  - b（19mm×89mm×840mm）×2片
- 衬板a'/c：SPF木材1×4（1820mm）×2片
  - 切割 a'（19mm×89mm×420mm）×2片
  - c（19mm×89mm×840mm）×2片
- 木螺丝×76个
- 油漆（白色）×适量
- 砂纸×1片

使用工具

- 电钻
- 曲线锯
- 刷子
- 铅笔

组装图

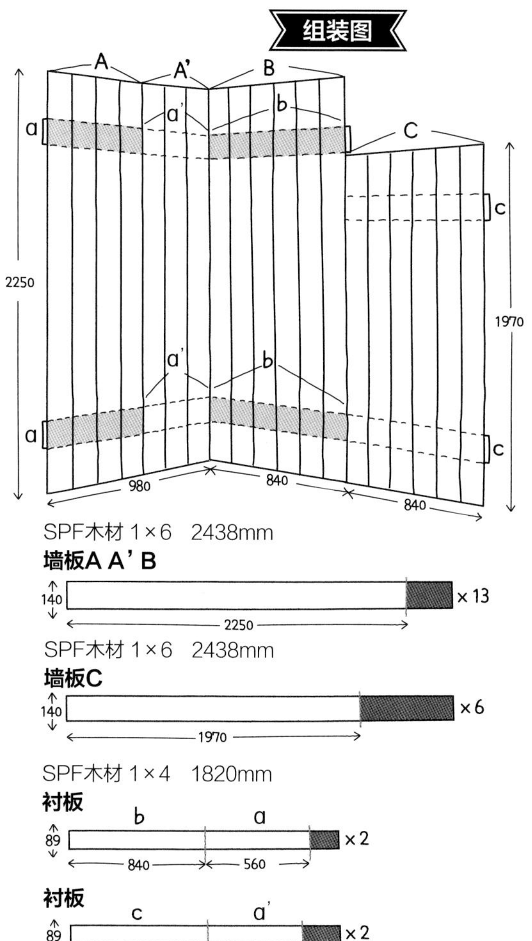

制作方法

1. 切割墙板并涂饰

①用曲线锯（或锯子）切割SPF木材，准备4片A、3片A'、6片B以及6片C。②用刷子给A、A'、B以及C的表面涂两层白色油漆（第一次晾干后再涂一次）。③油漆晾干后，用砂纸打磨，对表面进行老化加工。

2. 切割衬板

切割SPF木材，准备2片a、2片a'、2片b以及2片c。

3. 用木螺丝固定墙板和衬板

①使4片A的表面朝上，将其排成一排，并将2片a暂时放于其上，用铅笔给该位置做记号。先将a挪开，用电钻给A上安装木螺丝的位置（a的宽度的中间部分两处）的记号处开孔。②用电钻从A表面侧打木螺丝，以固定4片A和2片a。③用同样方法固定3片A'和2片a'。④用同样方法固定6片B和2片b。⑤用同样方法固定6片C和2片c。

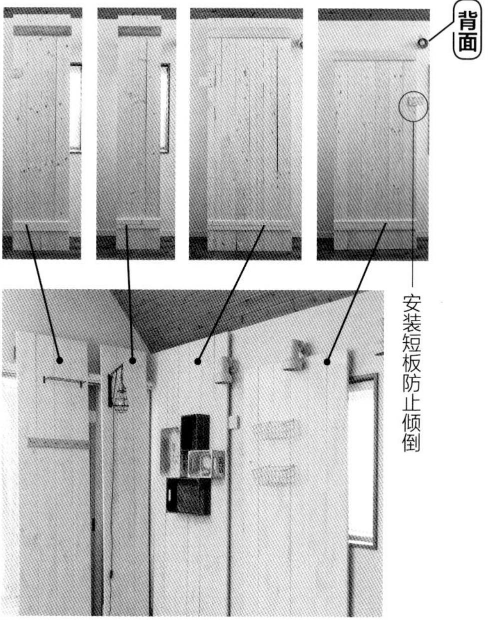

记载于第30页

HOW TO MAKE

私人定制尺寸的厨房收纳架

by 坂井清美

材料　购物清单

【支柱】

- A/B：SPF木材1×4（1820mm）×1片
  - 切割 A（19mm×89mm×660mm）×2片
  - B（19mm×89mm×430mm）×1片
- 1×4专用固定件（DIA WALL上下一套）×2个

【搁板】

- C/D：SPF木材1×6（1820mm）×1片
  - 切割 C（19mm×140mm×1150mm）×1片
  - D（19mm×140mm×565mm）×1片
- 专用固定件（DIA WALL单卖）（左右一套、附带8个蝶形螺丝）×3个
- 水性涂料（白色）×适量（支柱和搁板均使用）

组装图

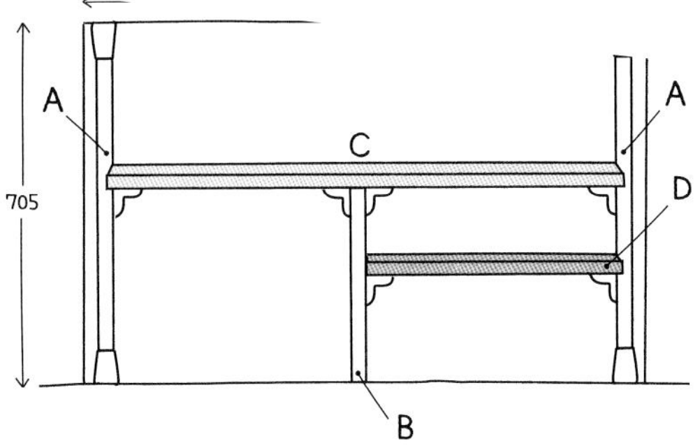

SPF木材 1×4　1820mm

支柱

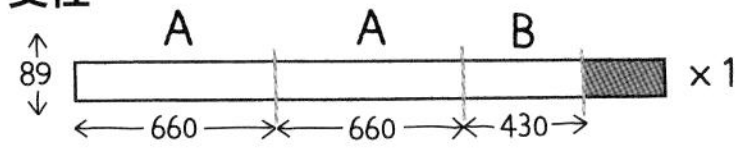

SPF木材 1×6　1820mm

搁板

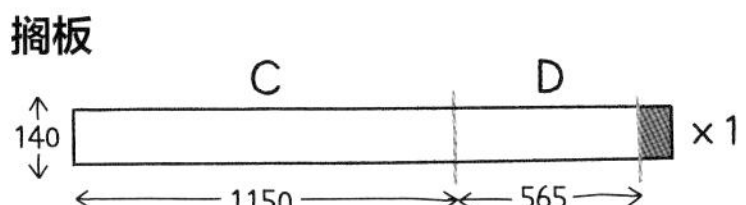

用于1×4木材的专用固定件

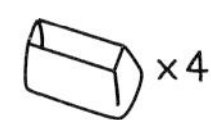

固定配件（附带木螺丝）

使用工具

- 锯子
- 刷子
- 十字螺丝刀
- 电钻

如果支柱不稳则将附带的垫片塞入下块进行调整。

制作方法

1. 切割、涂饰

用锯子切割支柱A和B、搁板C和D，并用刷子涂两次白色水性涂料。

2. 固定2个支柱A

①将1×4专用固定件（上下一组）的上下块安装于左右支柱A。

②先安装支柱上方（上块内置弹簧），再将下侧推入，使其垂直。

3. 安装搁板

①用2个固定配件将支柱B钉入搁板C的中间。

②通过十字螺丝刀将2个固定配件打入支柱A和搁板C。

③使用2个固定配件将搁板D打在合适的高度。

※一边用水平仪确认水平情况一边进行作业。

记载于第26页

HOW TO MAKE

万能墙架

by 坂井清美

材料 购物清单

【支柱】
- A/B：SPF木材2×4（2438mm）×3片
  切割 （38mm×89mm×2350mm）×3片
- 2×4专用固定件（上下套组）×3个
- 木材专用蜡×适量

【墙板】
- B：SPF木材1×4（1820mm）×11片
  切割 （19mm×89mm×1680mm）×11片
- F：下层背面中空塑料板和壁纸（无胶）
- 木螺丝×44个
- 染料（白色、灰色、深棕色）×适量
- 双面胶

【搁板】
- C：SPF木材1×8（1820mm）×1片
  切割 （19mm×184mm×1680mm）×1片
- D：SPF木材1×8（19mm×184mm×910mm）×2片
- 五金固定件×7个
- 木材专用蜡×适量
- 木螺丝×36个

【装饰架】
- 板厚5mm左右、尺寸合适×几片

使用工具

- 曲线锯
- 旧布（涂蜡专用）
- 电钻
- 金属量尺
- 几个刷子
- 美工刀

制作方法

1. 切割和涂抹支柱、墙板及搁板

①用曲线锯（若没有则让店家切割）切割支柱A、墙板B和搁板C。
②用旧布给支柱A和搁板C与D涂蜡。
③用刷子给墙板B涂两次染料（6片白色、4片灰色、1片深棕色）。晾干后，给所有木板轻轻涂染料（深棕色）以进行老化处理。

2. 固定支柱

①将2×4专用固定件的上下块安装于支柱A。如果不稳则将附带的垫片或纸等塞入支柱和专用固定件之间来进行调整。
②先安装上侧，再将下侧推入使其垂直固定。
③给墙板和搁板的安装位置画标记。

3. 将墙板安装于支柱

①用电钻给墙板B的左右两端上下开孔（1片约4处），用来打螺丝。
②一边用水平仪确认水平情况，一边用电钻等通过木螺丝安装墙板B和支柱A。从下往上按顺序安装11片墙板，并留出空隙使得装饰架E的小板正好能插入。

※一边用水平仪确认水平情况一边进行作业。

4. 将下层背面固定于支柱

①确定搁板C的安装位置，测量此处到地面的距离，并用美工刀等切割中空塑料板。根据其尺寸用双面胶将壁纸贴于其上。
②用双面胶将贴有壁纸的中空塑料板从支柱里侧粘贴，以用作搁板C下侧的背面F。

5. 将搁板安装于支柱

①用木螺丝将五金固定件固定于搁板C里侧的左右两端、中间以及搁板D里侧的左右两端。
②用电钻将安装有固定件的搁板C安装于支柱。
③用电钻将安装有固定件的搁板D安装于支柱。将铁杆和装饰架E的小板安装在自己喜欢的位置。

安装原理

根据放置在架子上的物品来自由安装装饰架、铁杆、铁篮或挂钩等。板墙之间的宽度为装饰架E的小板的厚度。

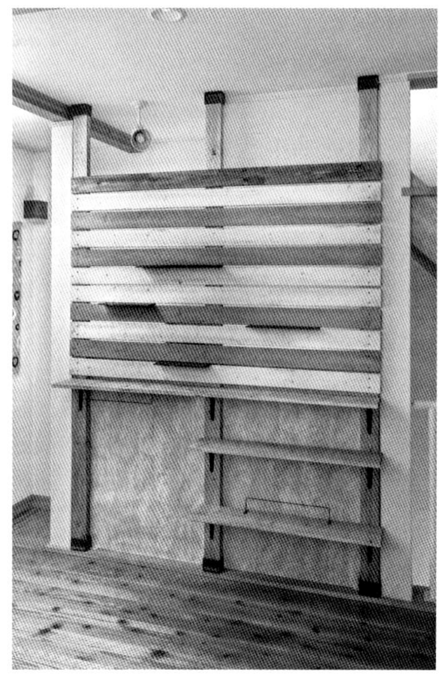

组装图

SPF木材 2×4　2438mm
支柱A
89
2350
×3
SPF木材 1×4　1820mm
墙板B
89
1680
×11
SPF木材 1×8　1820mm
搁板C
184
1680
×1
SPF木材 1×8　910mm
搁板D
184
910
×2
装饰架E
尺寸合适
五金固定件
×7
木螺丝
×44（用于B）
×28（用于五金固定件）
×8（用于铁杆）
用于2×4木材
的专用固定件
×6
铁杆
×2

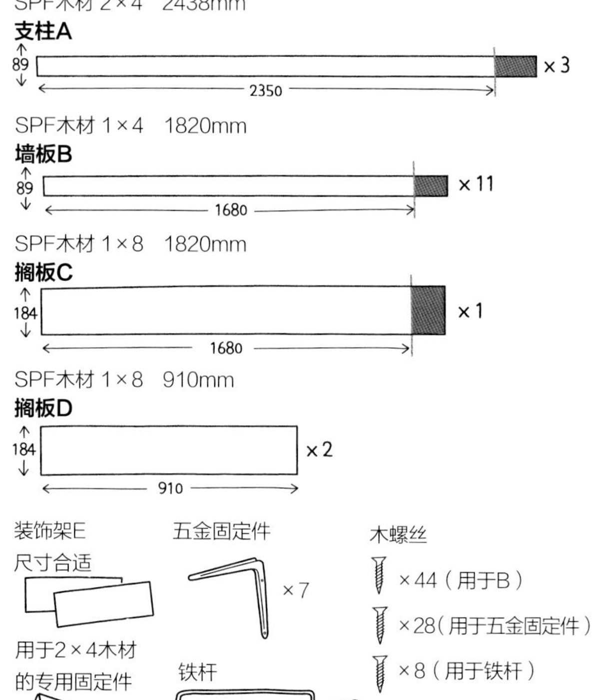

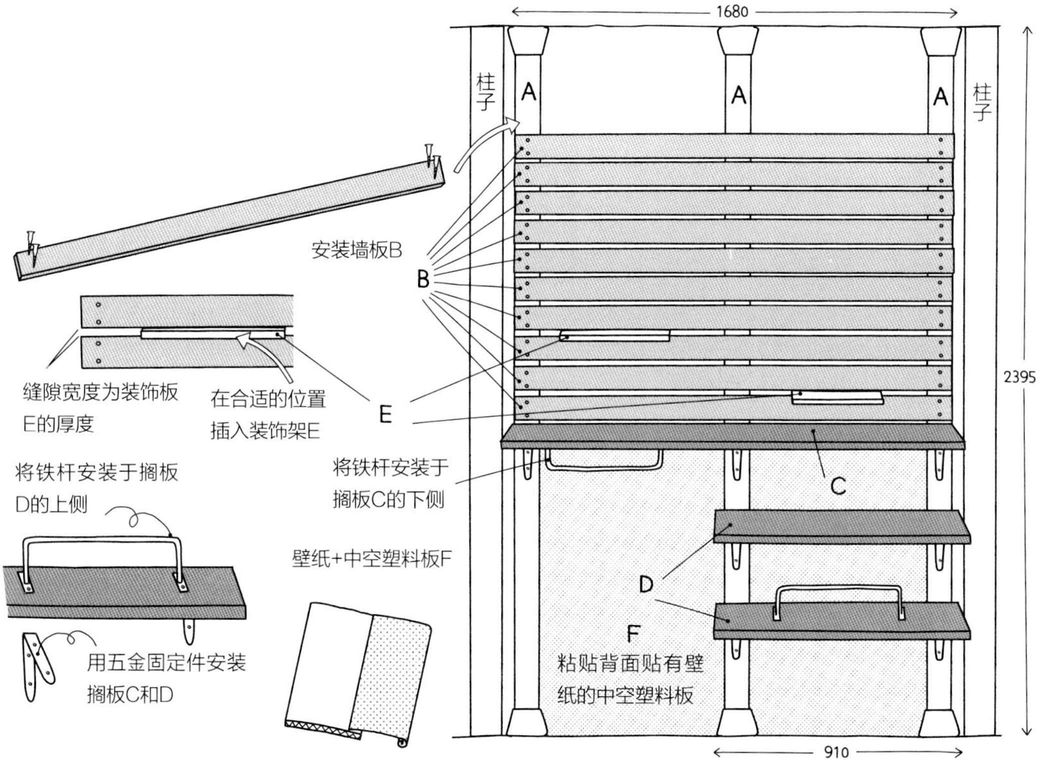

1680
柱子
A
A
A
柱子
安装墙板B
B
缝隙宽度为装饰板
E的厚度
在合适的位置
插入装饰架E
E
2395
将铁杆安装于搁板C的下侧
C
将铁杆安装于搁板
D的上侧
壁纸+中空塑料板F
D
F
粘贴背面贴有壁
纸的中空塑料板
用五金固定件安装
搁板C和D
910

记载于
第57页

HOW TO MAKE

笑脸 & 星星帽子挂钩

by coconono769

材料（12个） 购物清单

- 杨木层板（9mm×600mm左右×300mm左右）×1片
- 水性涂料（白色、黄色、淡蓝色、蓝色、红色、棕色、黑色）×适量
- 圆棒（直径20mm左右、长300mm左右）×1个
- 暗挂×12个

组装图

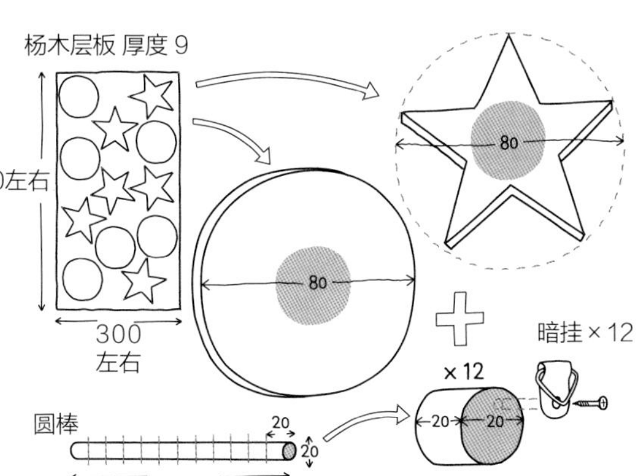

使用工具

- 电动钢丝锯
- 画笔
- 刷子
- 洗碗海绵
- 木工胶水
- 螺丝刀
- 按钉

水性涂料

从后侧拍摄的照片，暗挂安装于圆棒的上方部分。

制作方法

1. 切割&老化

①使用电动钢丝锯，将杨木层板切成圆形和星星状（12个）。
②用水性涂料进行涂漆和老化涂漆（“老化涂漆方法”请看第57页）。

2. 安装支柱和暗挂

①将圆棒切成20mm左右的长度（12个）。
②使用胶水将1做的圆形和星星贴于背面中间。
③用螺丝刀将暗挂安装于②。

3. 安装

①用摁钉等使其上墙，每两个之间保持250mm左右的距离。
②调整位置，保持颜色和距离平衡。

HOW TO MAKE

门涂漆鞋柜

by coconono769

材料　购物清单

- 顶板A：松木板（18mm×370mm×1530mm）×1片
- 底板B：松木板（18mm×370mm×1494mm）×1片
- 背板C：松木板（18mm×850mm×1530mm）×1片
- 侧板D：松木板（18mm×370mm×935mm）×2片
- 中板E：松木板（18mm×370mm×820mm）×3片
- 搁板F：松木板（18mm×370mm×360mm）×16片
- 搁板固定件G：松木板（18mm×18mm×355mm）×32片
- 门H：松木板（18mm×148mm×360mm）×20片
- 木螺丝×302个
- 水性染料（棕色）×适量
- 水性涂料（白色、黄色、淡蓝色、蓝色、灰色、黄褐色、棕色、黑色）×适量
- 模绘板×适量
- 五金把手×20个
- 合页×40个
- 磁铁碰珠×20组

组装图

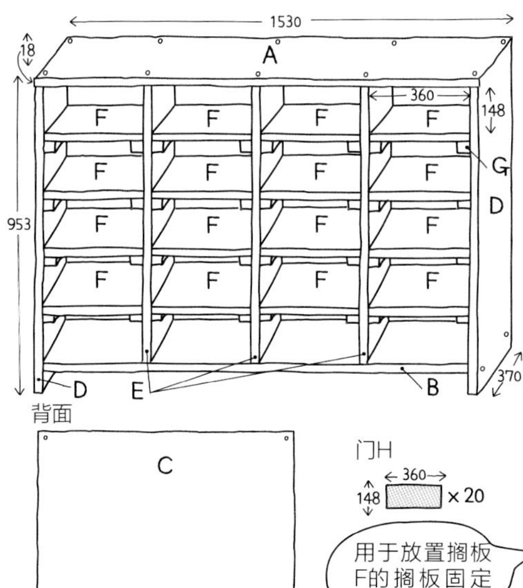

制作方法

1. 组装、涂饰

①用电钻在左右分别打2个木螺丝以固定A和D。在四角打木螺丝将C固定于背面。

②用木螺丝固定A和E后，同样用木螺丝在放F（搁板）的地方安装G作为固定件。

③用刷子给整体涂水性染料，晾干后将F放于G上。最后固定底板B。

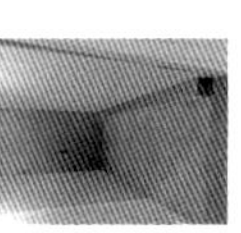

③在F前侧中间安装磁铁碰珠（用于搁板），在H背面安装磁铁碰珠（用于门），使门的开关更加顺畅。

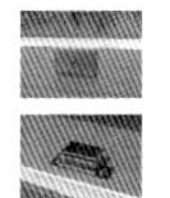

2. 给门涂漆和安装把手

①用水性涂料和模绘板给20个门进行模绘和老化涂漆（“老化涂漆方法”请看第57页）。

②在H的下部安装五金把手。

3. 将门安装于主体

①决定门的排列顺序。

②如图片一样，将每扇门用2个合页安装于主体。

使用工具

- 电钻
- 画笔
- 刷子
- 洗碗海绵

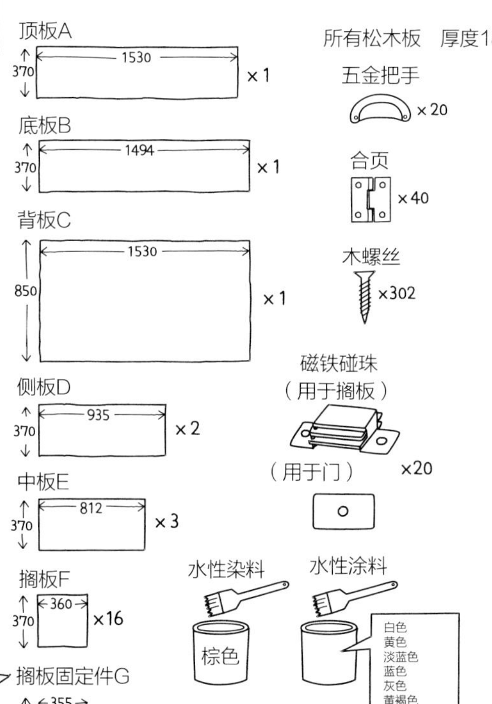

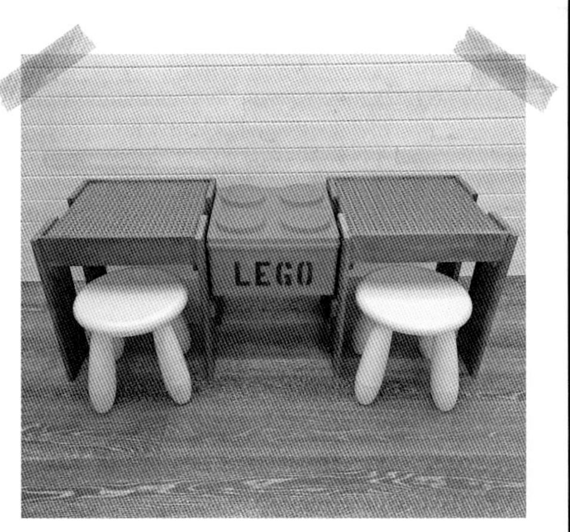

记载于第58页

HOW TO MAKE

积木专用游戏桌

by coconono769

材料 购物清单

- 顶板A：松木板（18mm×390mm×390mm）×2片
- 侧板（柱子）B：松木板（18mm×150mm×450mm）×8片
- 侧板（横）C：松木板（18mm×80mm×390mm）×4片
- 过渡板D：松木板（18mm×40mm×390mm）×2片
- 过渡板E：松木板（18mm×80mm×390mm）×4片
- 木螺丝×96个
- 水性染料（棕色）×适量
- 水性涂料（黑色）×适量
- 模绘板×适量
- 积木垫×2个
- 积木收纳盒×1个

1。组装与涂饰

①用电钻打木螺丝，固定4片B和2片C。相邻的B之间的内侧架设E用来放置顶板A（此时，考虑到A和置于其上的积木垫，将E放在低于B和C的上侧面30mm左右的地方），至此1个桌子的制作完成，再以同样方法制作另外一个桌子。
②将2个桌子排列，在桌子内侧的B彼此之间各横架一个D，用木螺丝固定。
③用刷子给2个桌子涂水性染料。

组装图

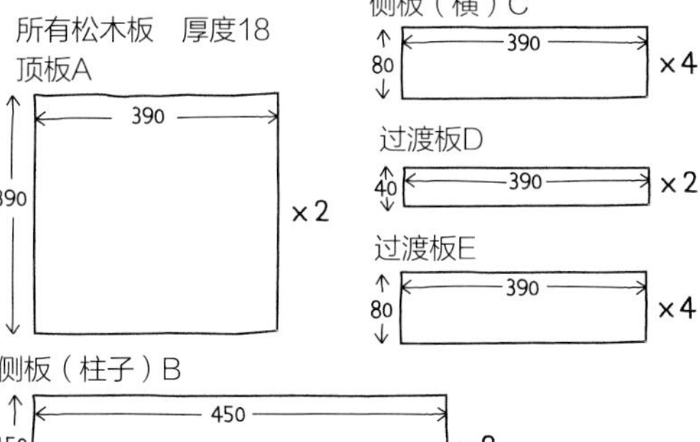

2。安装顶板、垫子与盒子

①将顶板A分别放在2个桌子上，并在其上铺积木垫。
②用水性涂料和模绘板给积木收纳盒画英文字母。
③利用D的厚度放置积木收纳盒。

使用工具

- 电钻
- 刷子
- 洗碗海绵

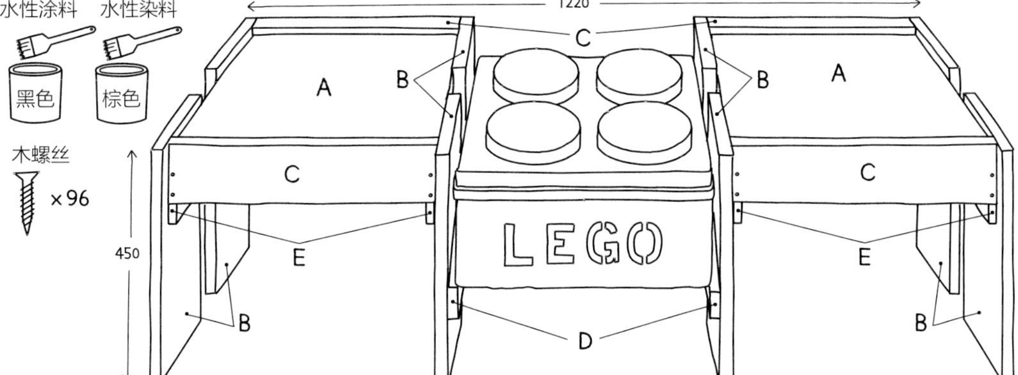

HOW TO MAKE

车牌垃圾铲

by MAACO

材料　购物清单

- 铁皮车牌（Seria）×1个
- 磨铁砂纸×1个
- 水性涂料1（磨砂黑）×适量
- 水性涂料2（白色）×适量
- 丙烯颜料1（黑色）×适量
- 丙烯颜料2（棕色）×适量
- 方材（15mm×25mm×122mm）×1块
- 圆棒（直径20mm×长70mm）×1个
- 复古蜡×适量
- 长木螺丝×1个
- 木螺丝×2个

使用工具

- 厚板材（2×4木材等，用于弯折车牌）
- 刷子
- 画笔
- 洗碗海绵
- 电钻
- 锯子
- 木工胶水

制作方法

1. 成形、涂饰

①折起铁皮车牌的两端，折成簸箕状。因为很难用手折，所以可以用厚板材夹住要弯折的部分，利用杠杆原理使其弯折。

②用磨铁砂纸进行预处理（或者喷涂底漆），注意不要把涂料磨掉，然后使用水性涂料1给整体涂漆。文字部分用蘸有水性涂料2的画笔描绘。用蘸有丙烯颜料1和2的海绵轻轻拍打文字，进行老化加工。

2. 制作提把

①用锯子根据簸箕状上侧边的内侧尺寸切割方材和圆棒，并涂抹复古蜡。

②用木工胶水将涂有复古蜡的方材和圆棒连接成T字型然后开孔，用电钻从角材一侧打长木螺丝进行固定。

③用电钻如图片一样给1的车牌开两个孔，将其与方材对齐，给方材开孔，最后如图片一样用木螺丝从里侧进行固定。

组装图

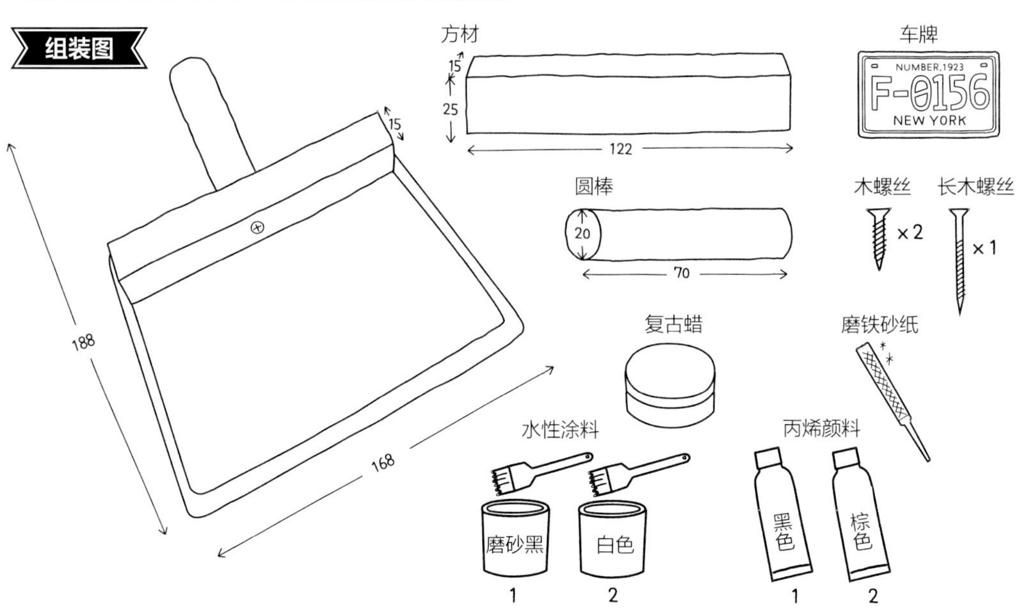

记载于
第61页

HOW TO MAKE
硬朗风储物箱

by MAACO

材料　购物清单

- 侧板A：木芯板（15mm×320mm×690mm）×2片
- 底板B：木芯板（15mm×225mm×330mm）×2片
- 侧板C：木芯板（15mm×150mm×225mm）×2片
- 侧板D：杉木板（20mm×45mm×225mm）×2片
- 细螺丝×28个
- 圆头自攻螺丝×16个
- 水性涂料1（磨砂黑）×适量
- 水性涂料2（白色）×适量
- 模绘板×适量
- 滑轮×4个

制作方法

1. 组装

①用胶水粘接A和B，然后使用电钻固定细螺丝（两片底板B中，一个从A的左端安装，另一个从A的右端安装，将中间空出，MAACO经常用自家的木材进行制作，所以尺寸不够的木材可以用在底面等看不见的地方。如果不想给中间留空，可以使用一块15mm×225mm×690mm的木板）。

②用细螺丝将C和D固定于其上（此部分不能用胶水接合，可以用稍长的细螺丝提高固定强度）。

2. 涂饰、安装滑轮

①用刷子给整体涂水性涂料1。

②晾干后，用水性涂料2和模绘板画英文字母。

③用圆头自攻螺丝给底面四角安装滑轮。

使用工具

- 木工胶水
- 刷子
- 电钻
- 洗碗海绵

组装图

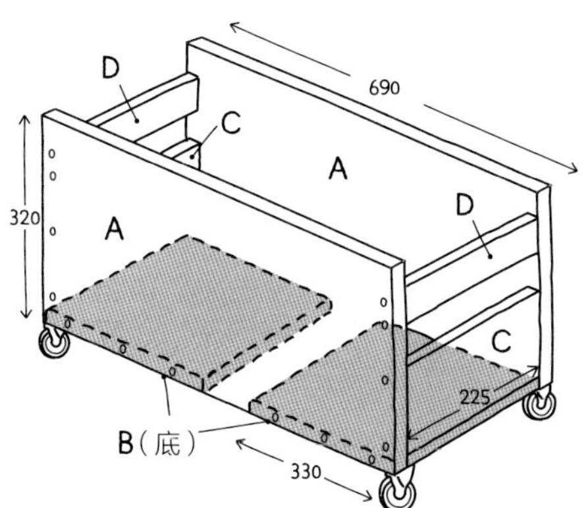

A~C的厚度为15　D的厚度为20

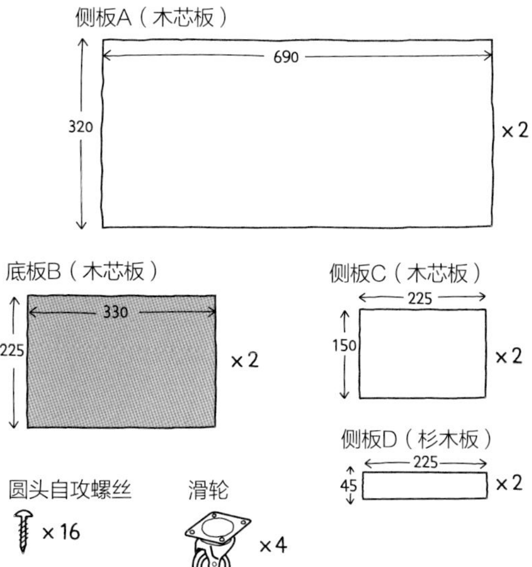

HOW TO MAKE

木甲板收纳柜

by MAACO

材料（2个） 购物清单

- 底板A：Seria板材（9mm×90mm×450mm）×1片
- 底板B：Seria板材（9mm×120mm×450mm）×1片
- 侧板C：Seria板材（9mm×150mm×450mm）×2片
- 木甲板（Seria）×4片
- 钉子×56
- 水性涂料1（磨砂黑）×适量
- 水性涂料2（白色）×适量
- 模绘板×适量
- 砂纸×1

组装图

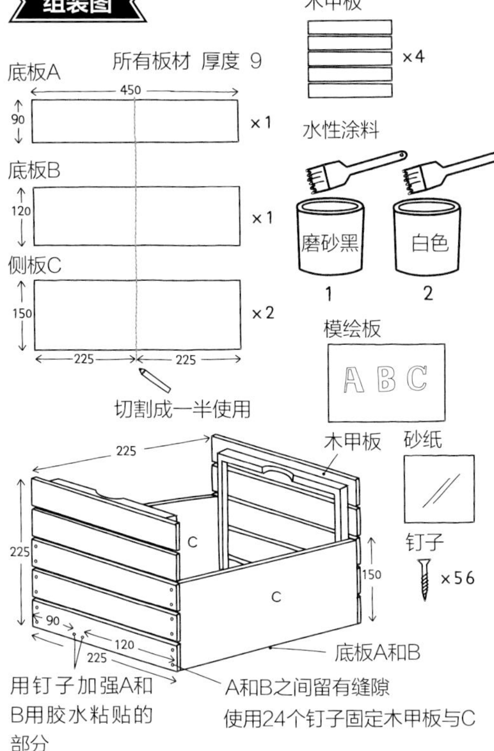

使用工具

- 锯子
- 刷子
- 洗碗海绵
- 锤子

制作方法（1个）

※用与下述相同的方法制作“No.2”收纳柜。

1. 涂饰木材

①将A、B、C从中间一分为二，画线并用锯子切割（每个“木甲板收纳柜”使用半片A、B和1片C）。
②用刷子给木甲板和A、B、C涂水性涂料1。

2. 组装

①用胶水将A和B粘接于2片木甲板的底面，并用钉子固定（A、B底板中，一个从木甲板左端安装，另一个从木甲板右端安装，中间留出15mm的空隙）。
②将C安装于侧面，与①一样进行固定。

3. 涂漆和老化加工

①用水性涂料2和模绘板在前侧面画英文字母和数字。
②用砂纸打磨木甲板和角落部分，进行老化加工。

记载于
第63页

HOW TO MAKE
长螺丝把手收纳盒

by MAACO

材料 购物清单

- 侧板A：柳桉板（9mm×300mm×400mm）×2片
- 侧板B：柳桉板（9mm×250mm×250mm）×2片
- 底板C：柳桉板（9mm×250mm×382mm）×1片
- 造型螺丝×22个
- 圆头自攻螺丝×16个
- 水性涂料1（白色）×适量
- 水性涂料2（黑色）×适量
- 模绘板×适量
- 滑轮×4个
- 长螺丝（285mm）×2个
- 2种螺母×4套

制作方法

1。组装

①用电钻给2片A的左右上部分别开两处孔，使得长螺丝能穿过。

②将B夹在2片A中间并用胶水固定，空出底板C的空间，用造型螺丝固定。将C推入以从外侧看不到，用胶水接合后用造型螺丝固定。

长螺丝下方留有空间，方便移动。

2。涂漆、安装长螺丝

①用刷子涂水性涂料1，晾干后用水性涂料2和模绘板画英文字母。

②用圆头自攻螺丝将滑轮安装于底面四角。

③在1-①打的孔安装长螺丝当作把手，使用扳手从内拧紧螺母，从外侧拧紧带帽螺母，并安装长螺丝钉。

使用工具

- 电钻
- 木工胶水
- 刷子
- 洗碗海绵
- 扳手

组装图

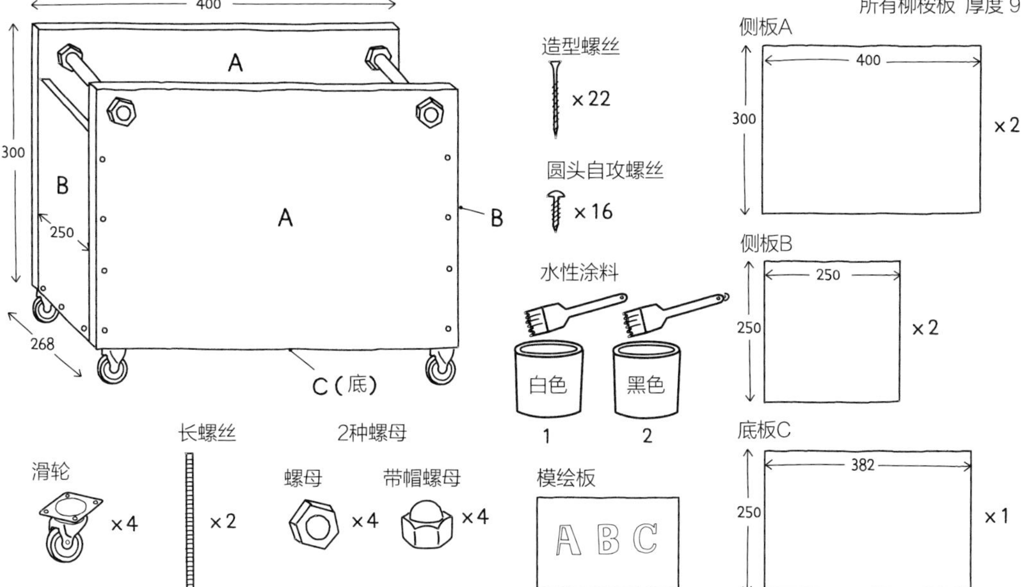

HOW TO MAKE

与板墙搭配的装饰梯子

by 味子

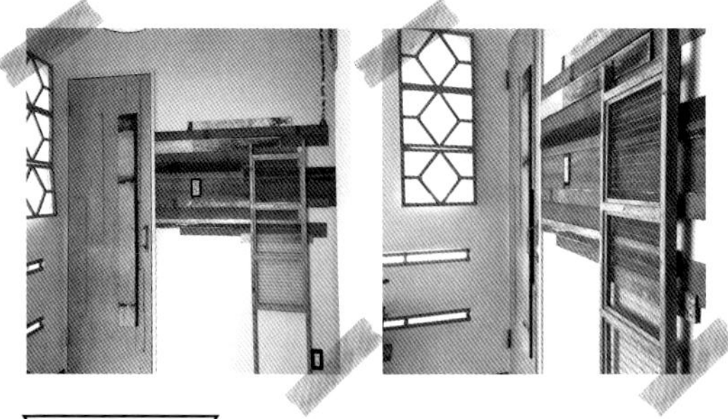

材料　购物清单

- 支柱A：方材（20mm×20mm×1500mm）×2块
- 横板B：方材（30mm×30mm×260mm）×4块
- 框架C：方材（10mm×10mm×240mm）×12块
- 框架D：方材（10mm×10mm×260mm）×12块
- 网格（250mm×250mm）×3片
- 木螺丝×20个
- 水性涂料1（墨绿色）×适量
- 水性涂料2（灰白色）×适量
- 砂纸×1个
- 蜡（BRIWAX）×适量
- L型挂钩×1个

制作方法

1. 组装

①分别使用2块C、2块D制作6个框架。每两个框架一组将网格夹在中间，并用木工胶水固定（将网格夹住从背面看起来也很整洁。如果尺寸不够留出空隙就涂抹腻子，并用后面的涂饰来隐藏起来）。

②用胶水接合A、B与①，并用电钻通过木螺丝进行固定。

2. 涂漆

①用刷子涂水性涂料1并晾干，然后可以随意地涂水性涂料2并晾干。

②用砂纸打磨到水性涂料2微微掉落，在其上涂蜡。

③将L型挂钩安装在墙上并挂住梯子主体（最上方的方材B的中间，如下图★所示），防止其倾倒。

使用工具

- 电钻
- 木工胶水
- 刷子

组装图

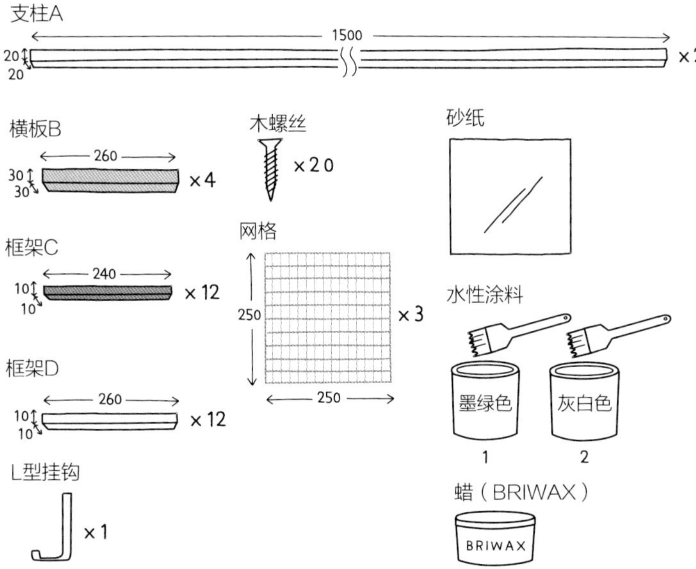

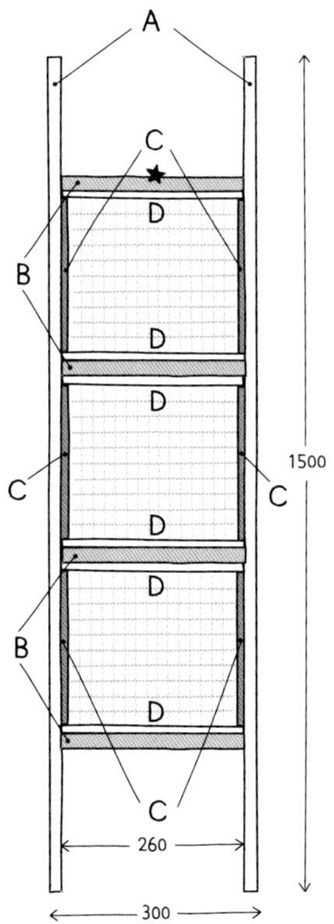